普通高等教育通识课系列教材

基础实验化学

主　编　胡　笳

副主编　包　宏　　贾向东　　朱丽珺

参　编　卜晓莉　　池杏微　　宰德欣

　　　　袁　媛　　张彩华　　徐金宝

　　　　卢　雯　　银　鹏

西安电子科技大学出版社

内 容 简 介

本书是大学化学的基础实验课程教材，分为化学实验基础和化学实验两部分，内容涉及化学实验基础知识、无机化合物性质及制备实验、定量分析实验、有机化学实验、设计和综合性实验，附录部分给出了定量分析基本操作考核表、定量分析基本知识测试等。

本书可作为高等学校工科近化学类和非化学类基础实验课程的教材及参考书。

图书在版编目(CIP)数据

基础实验化学 / 胡筘主编. —西安：西安电子科技大学出版社，2021.7(2024.7 重印)
ISBN 978-7-5606-6081-3

Ⅰ.①基…　　Ⅱ.①胡…　　Ⅲ.①化学实验—高等学校—教材　　Ⅳ.①O6-3

中国版本图书馆 CIP 数据核字(2021)第 125429 号

策　　划　李鹏飞
责任编辑　李鹏飞
出版发行　西安电子科技大学出版社(西安市太白南路 2 号)
电　　话　(029)88202421　88201467　　　　邮　　编　710071
网　　址　www.xduph.com　　　　　　　　电子邮箱　xdupfxb001@163.com
经　　销　新华书店
印刷单位　咸阳华盛印务有限责任公司
版　　次　2021 年 7 月第 1 版　2024 年 7 月第 3 次印刷
开　　本　787 毫米×1092 毫米　1/16　印张 11.5
字　　数　269 千字
定　　价　36.00 元

ISBN978-7-5606-6081-3 / O

XDUP 6383001-3

如有印装问题可调换

前　　言

化学作为一门实验学科，其实验教学在化学教育中占有不可替代的重要地位。化学实验不仅是人们了解物质世界构成、揭示化学变化规律、认识物质性质及研究新物质合成的手段，也是培养学生创新意识和创新能力的有效途径。虽然当今科学技术发展突飞猛进，但化学实验仍是检验和应用化学理论和化学规律的基本源泉和出发点。

在近化学专业和非化学专业学生的课程体系中，化学实验是非常重要的基础课程之一。在化学实验课程的教学中，通过观察实验现象、分析实验数据、总结实验结果以及设计新实验，可以进一步理解化学理论知识。更重要的是，通过实验操作训练，可以在了解和使用现代仪器设备、信息工具与手段的同时，培养认真细致、务实求精、有条不紊的基本科学素养；通过观察实验中的现象，特别是一些异常现象，又可以培养观察问题、分析问题、解决问题的能力，同时激发学习兴趣、好奇心和创造欲望。所以，化学实验教学是化学教学过程的重要环节。

编者以多年实验教学经验为基础，本着在化学实验教学中加强基础训练，强化能力和素质培养，精炼与革新传统知识，拓宽实验内容的原则，借鉴并吸收国内其他高校在化学实验改革方面的经验，对无机化学、有机化学、分析化学、仪器分析等课程的实验内容进行整合、优化、改革后，编写了《基础实验化学》一书，书中还给出了综合及设计性实验内容。

本书由胡筇任主编，包宏、贾向东、朱丽珺任副主编，卜晓莉、池杏微、宰德欣、袁媛、张彩华、徐金宝、卢雯、银鹏参与编写。本书编写过程中，得到南京林业大学教务处、理学院和西安电子科技大学出版社的全力支持，在此谨致谢意。

限于编者的水平，书中的欠妥之处，恳请同行、专家和使用本书的师生批评指正。

编　者
2021 年 3 月

目 录

上篇　化学实验基础

第1章 实验课的任务、要求与实验守则

一、实验课的任务

化学是一门重要的基础学科。化学所取得的重大成果，多数是在实验的基础上取得的。所以实验是化学课不可缺少的一个重要环节。化学实验课的主要任务是：

(1) 验证、巩固和充实重要理论与概念，并适当地深化和扩大知识面。化学实验不仅使理论知识形象化，而且能说明这些理论和规律的应用条件、范围和方法，可以反映化学现象的复杂性和多样性。

(2) 学习并正确地掌握一定的化学实验操作技能。正确的操作能得出准确的数据和结果，而正确的结论主要依靠准确的数据。因此，化学实验基本操作技能的训练具有重要的意义。

(3) 培养思考问题、分析问题、解决问题和独立工作能力。通过仔细观察和分析实验现象，认真记录和处理数据，并结合所学的理论知识，综合概括得出正确的结论，从而提高分析问题、解决问题和独立工作能力。

(4) 培养科学的工作态度和习惯。科学的工作态度是指实事求是、忠实于所观察到的客观现象的作风。当发现实验现象与理论不符时，应注意检查操作是否正确或所用的理论是否合适等。科学的工作习惯是指操作正确、观察细致、分析认真、安排合理、整齐清洁等，这些都是做好实验的必要条件。

二、实验课的要求

为了做好化学实验，应当充分预习、认真操作、仔细观察、如实记录，经归纳、整理后写好实验报告。具体要求如下：

(1) 实验前的预习。充分预习实验教材是保证做好实验的一个重要环节。预习时应明确实验的目的和原理，了解实验的内容、步骤、操作方法及实验时应注意的问题等。在预习的基础上，参考实验报告格式示例，认真、简要地写好预习报告。实验前未进行预习者不准进行实验。

(2) 提问和检查。实验开始前由指导教师进行集体或个别提问和检查，了解学生实验的预习情况。如发现个别学生没有做好实验前的预习，教师可暂停其实验，待其做好实验预习后，方可进行实验。

(3) 进行实验。学生应遵守实验规则，虚心接受教师指导。按照实验教材上设计的方法、步骤及药品用量进行实验。细心观察实验现象，认真测定实验数据，将现象和数据如实记录于实验记录本上。同时应深入思考，分析产生现象的原因，如有疑问可相互讨论，或向教师询问。

(4) 书写实验报告。实验完毕后，应在指定时间内按一定格式认真书写实验报告。实验报告要记录清楚、结论明确、文字简练、书写整洁，实验报告书写不合格者教师应要求其重写。

三、实验室规则

(1) 实验前应做好预习。明确实验的目的、要求、操作步骤、方法和基本原理，有目的、有计划地进行实验。

(2) 实验前应清点仪器。若仪器破损或缺少应该立即报告教师，申请补领。在实验过程中损坏仪器，应及时报告，履行报损手续，填写好报损单，由教师签署意见后到实验准备室换取仪器。

(3) 遵守纪律，不迟到，不早退。实验过程中保持肃静，集中精力，规范操作，细致观察，周密思考，科学分析，并将实验现象和数据如实记录在实验记录本上。

(4) 公用仪器和试剂瓶等用毕应立即放回原处，不得乱拿乱放。试剂瓶中的试剂不足时，应报告指导老师，及时补充。

(5) 实验时应听从教师的指导，遵守操作规则和实验室的安全守则，保证实验安全。

(6) 爱护国家财产，小心谨慎使用仪器和设备，节约药品、水、电等。

(7) 实验时要保持桌面和实验室清洁整齐。废液、废纸、火柴梗、金属等应放入废物缸或其他规定的回收容器内，严禁投入水槽、扔在地板或实验台面上。

(8) 实验完毕，将玻璃仪器洗净并放回原处，将药品架上的药品归位，实验台面整理干净，清洁垃圾桶、水槽和地面，关闭水龙头，切断电源，关好门窗。室内的一切物品(仪器、药品和产物等)不得带离实验室，得到指导教师允许后方能离开实验室。

(9) 实验后根据原始记录，联系理论知识，认真分析问题，处理数据，按要求的格式写出实验报告，准时交给指导教师批阅。

四、实验室安全守则

进行化学实验时，会经常使用水、电和各种药品、仪器。化学药品中，很多具有易燃、易爆、有毒和腐蚀性。实验时，必须在思想上十分重视安全问题，绝不能麻痹大意；在实验过程中应集中精力，严格遵守操作规程，避免事故发生，确保实验正常进行。

(1) 使用易燃、易爆物质时要严格遵守操作规程，取用时必须远离火源，用后及时把瓶塞塞严，并置于阴凉处保存。

(2) 涉及能产生有毒、刺激性气体的实验，应在通风橱内(或通风安全处)进行。需要借助于嗅觉判别少量的气体时，绝不能直接用鼻子对着瓶口或管口，而应该用手将气体轻轻扇向自己，然后再嗅。

(3) 加热、浓缩液体时，不能俯视加热的液体，加热的试管口不能对着自己或他人。浓缩液体时，要不停搅拌，避免液体或晶体溅出而受伤。

(4) 使用酒精灯时，灯内酒精不能超过其容量的2/3。酒精灯要随用随点燃，不用时马上盖上灯罩。不可用点燃的酒精灯去点燃别的酒精灯，以免酒精流出而失火。

(5) 有毒药品(如重铬酸钾、钡盐、铅盐、砷的化合物、汞及汞的化合物、氰化物等)

不得误入口内或接触伤口。氰化物不能碰到酸(氰化物与酸作用放出无色无味的 HCN 气体，由于是剧毒，要特别小心！)。剩余的产(废)物及金属等不能倒入下水道，应倒入指定的回收容器内集中处理。

(6) 浓酸、浓碱具有强腐蚀性，切勿溅在皮肤或衣服上，尤其不可溅入眼睛中。稀释时应在不断搅拌(必要时加以冷却)下将它们慢慢加入水中混合，特别是稀释浓硫酸时，应将浓硫酸慢慢加入水中，边加边搅拌，千万不可将水加入浓硫酸中！

(7) 使用药品和仪器时，严格按操作规程进行实验，严格控制药品用量，绝对不允许随意混合各类化学药品，以免发生事故。

(8) 使用的玻璃管切断后，应将断口熔烧圆滑，玻璃碎片要放入回收容器内，绝不能丢在地面或实验台上。

(9) 实验室内严禁饮食、吸烟。

(10) 实验完毕，应洗净双手后方可离开实验室。

五、实验中意外事故的处理

实验过程中，如发生意外事故，要保持冷静，采取如下救护措施：

(1) 遇玻璃或金属割伤，伤口内若有碎片，须先设法挑出。若伤口不大，出血不多，可擦碘伏，必要时在伤口处撒上消炎粉后包扎。

(2) 遇烫伤，切勿用水冲洗，可在烫伤处抹上苦味酸溶液或烫伤膏。若烫伤达二度热伤(皮肤起泡)或三度热伤(皮肤灼焦破)，应立即送医院治疗。

(3) 遇少量强酸或强碱溶液溅在皮肤上，应立即用大量水冲洗，然后分别用稀碱(5%碳酸氢钠或10%氨水)或稀酸(2%硼酸或2%醋酸)冲洗。酸或碱溅入眼内，立刻用大量的蒸馏水冲洗，然后用2%硼酸溶液淋洗，最后再用干净的蒸馏水冲洗。严重者应送往医院治疗。

(4) 吸入刺激性或有毒气体而感到不适或头晕时，应立即到室外呼吸新鲜空气。严重者应立即送医院急救。

(5) 遇触电时，应立即切断电源，用干燥木棒或竹竿使触电者与电源脱离。必要时，进行人工呼吸、急救。

(6) 若遇起火，应立即设法灭火，采取措施防止火势蔓延(如切断电源、移走易燃和易爆物品等)。要根据起火原因选用合适的灭火方法，如遇有机溶剂(如酒精、苯、汽油、乙醚等)起火应立即用湿布、石棉或砂子覆盖灭火，切勿泼水，泼水会使火蔓延；若遇电器设备着火，必须先切断电源，灭火时，只能使用四氯化碳灭火器灭火，不能使用泡沫灭火器，以免触电；实验人员衣服着火时，切勿惊慌乱跑，应立即脱下衣服灭火，或用石棉布覆盖着火处，如果着火面积大来不及脱衣服，应就地卧倒打滚也可起到灭火作用。无论何种原因起火，必要时应及时通知消防部门。我国的火警电话号码为119。

六、化学实验中常用仪器介绍

1. 试管、离心管、试管架

试管根据其玻璃化学组成、热稳定性及大小的不同，分为硬质试管和软质试管等。试管按外形及用途分为卷口试管(见图 1-1-1(a))、平口试管(见图 1-1-1(b))、具塞试管(见图

1-1-1(c))、刻度或无刻度试管等多种。

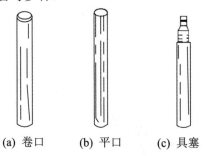

(a) 卷口　　(b) 平口　　(c) 具塞

图 1-1-1　试管

试管和离心管的规格常以管口外径(mm)×管长(mm)，或管口内径(mm)×管长(mm)来表示，刻度试管和离心管还以最小分度(mL)表示。

试管用作少量试剂的反应容器，便于操作和观察。试管可以加热至高温，但不能骤热骤冷，特别是软质试管更易破裂。加热时要不断移动试管，使其受热均匀。小试管一般水浴加热。

离心管有尖底和圆底离心管、有刻度和无刻度离心管等种类(见图 1-1-2)。离心管用作少量试剂的反应容器，可对少量沉淀进行辨认和分离。离心管不能直接加热，只能水浴加热。

图 1-1-2　离心管

试管架用于承放试管或离心管等仪器。它的材质有木料、塑料、金属和有机玻璃等多种(见图 1-1-3)。

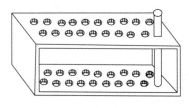

图 1-1-3　试管架

2. 试管夹

试管夹是加热试管时用来夹持试管的，使用时要防止烧损或锈蚀(见图 1-1-4)。

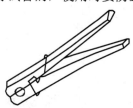

图 1-1-4　试管夹

3. 毛刷

毛刷规格以大小和用途来区分,如试管刷、烧杯刷、滴定管刷等。各种毛刷有长、短、大、小之分(见图 1-1-5)。

图 1-1-5　毛刷

4. 烧杯

烧杯用作反应物量较多时的反应容器,它的规格以容量(mL)、全高(mm)、外径(mm)表示(见图 1-1-6)。加热时应在热源(如酒精灯)与杯底之间加隔石棉网,或使用其他热浴(如砂浴、水浴、油浴等),使其受热均匀,加热时勿使温度变化过于剧烈。

图 1-1-6　烧杯

5. 试剂瓶

试剂瓶的规格以容量(mL)、瓶高(mm)、瓶外径(mm)、瓶口外径(mm)表示。一般分为无色试剂瓶和棕色试剂瓶,广口(或大口)试剂瓶(见图 1-1-7)和细口(或小口)试剂瓶(见图 1-1-8)等种类。

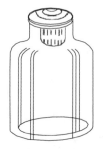

图 1-1-7　广口试剂瓶　　　　　　图 1-1-8　细口试剂瓶

棕色试剂瓶多用于盛装见光易分解的试剂或溶液,如碘、硝酸银、高锰酸钾、碘化钾等试剂;广口试剂瓶多用于盛装固体试剂;细口试剂瓶用于盛装对玻璃侵蚀性小的液体试剂。试剂瓶盛装碱性物质时,应取下瓶塞改用橡皮塞或软木塞(注意保存原瓶塞),或用塑料试剂瓶盛装。使用时要注意保持瓶塞与瓶相匹配,瓶塞不能互换,以利于密封。取用试剂时应将瓶塞放在桌上以免弄脏瓶塞污染试剂。试剂瓶不能用火直接加热烘干，只能用恒温干燥箱或电热吹风进行干燥，或用待装溶液淌洗后使用。试剂瓶只能用于贮存试剂，不能用作加热器皿，也不能注入使其骤冷或骤热的试剂。试剂瓶不用时，应清洗干净，并在瓶口与瓶塞之间隔一纸条，以防因搁置久而互相黏结。

6．滴管

滴管由尖嘴玻璃与橡皮乳胶头构成(见图1-1-9)。

图1-1-9　滴管

滴管用于吸取或滴加少量(数滴或 1～2 mL)试剂溶液，或吸取沉淀的上层清液以分离沉淀。

用滴管加试剂时，应保持滴管垂直，避免倾斜，尤忌倒立。

7．滴瓶

滴瓶的规格以其容量(mL)、瓶高(mm)、瓶外颈(mm)表示，滴瓶有无色、棕色之分(见图1-1-10)。

图1-1-10　滴瓶

滴瓶用于盛装液体试剂，棕色滴瓶盛装见光易分解的试剂。用滴瓶盛碱性试剂要改用橡皮塞或软木塞，或改用塑料滴瓶。使用时，不能用火直接加热，可用恒温干燥箱或电吹风进行干燥；滴管不能互换，以利于密封，避免溶液蒸发，以防止试剂相互混合使试剂变质。滴管除了吸取和滴加滴瓶内试剂，不可接触其他器物，以免杂质污染试剂。不使用时应清洗干净，并在滴管与瓶口之间夹一纸条，以防搁置久后黏结。

8．量筒

量筒用于量取一定体积的液体试剂。在量取的体积不需很精确时，使用量筒比较方便

(见图1-1-11)。量筒规格以其容量(mL)、最小分度(mL)表示，量筒有5～2000 mL 等多种规格。使用时，必须选用合适规格的量筒，不要用大量筒量取小体积溶液，也不要用小量筒多次量取大体积的溶液，以免增加误差。量取体积时以液面的弯月面的最低点为准。量筒不能加热，不能注入使其骤冷或骤热的液体，也不能作为反应容器。

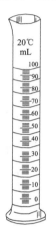

图1-1-11 量筒

9. 称量瓶

称量瓶有高型称量瓶(见图1-1-12)和扁型称量瓶(见图1-1-13)两种。

图1-1-12 高型称量瓶 图1-1-13 扁型称量瓶

称量瓶是用于准确称取一定量的固体样品或固体试剂时盛装样品的容器。不能用火直接烤干，应于恒温干燥箱内进行干燥，瓶口和瓶盖是磨口配套的，不能互换。干燥的称量瓶不能用手直接拿取，应该用干净的厚纸条形成圈状后套在称量瓶身上，左手拿住纸条，把称量瓶拿起。称量瓶盖也要用纸套住拿取。洗净并经烘干的称量瓶要冷却至接近室温时，放入干燥器内，继续冷却至室温，称量时方可从干燥器内取出，直接置于天平盘上称量。

10. 干燥器

干燥器的规格以其器口内径(mm)、器高(mm)、器内磁板直径(mm)的大小表示。其类型有普通干燥器(见图1-1-14)和真空干燥器(见图1-1-15)两种，颜色有无色和棕色之分。

图 1-1-14　普通干燥器　　　　　　　　　　图 1-1-15　真空干燥器

　　干燥器内放有干燥剂，可保持样品、试剂和产物的干燥。棕色干燥器用于存放需避光存放的样品、试剂和产物。需要在减压条件下干燥的样品，应使用真空干燥器。

　　使用干燥器时，要防止盖子滑动而打碎，灼热过的样品和物体放入干燥器前要待其冷却至室温后方可放入，未完全冷却前要每隔一定时间打开盖子，以调节器内的气压，使器内气压与外压相同。干燥器内的干燥剂失效时要及时更换。

11. 药匙

　　药匙是取用粉末状或小颗粒状固体试剂的工具，通常由牛角、瓷、玻璃、塑料或不锈钢制成，现多数是塑料制品(见图 1-1-16)。大多数药匙只有一个勺，有些药匙两端各有一个勺，一大一小，可以根据取用药量多少选用。塑料或牛角的药匙不能取用灼热药品。药匙取用一种药品后，必须洗净并擦干，才能取用另一种药品。

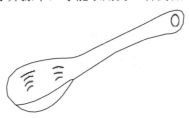

图 1-1-16　药匙

12. 表面皿

　　表面皿的规格以口径(mm)大小表示，可盖在烧杯上，防止液体迸溅或用于其他用途(见图 1-1-17)。表面皿不能用火直接加热。

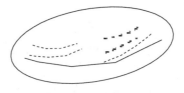

图 1-1-17　表面皿

13. 普通漏斗

　　普通漏斗简称漏斗，可分为短颈漏斗和长颈漏斗两种(见图 1-1-18)。漏斗的锥角呈60°，是用于常压过滤、分离固体与液体的一种器皿。短颈漏斗可用于加注液体。长颈漏斗颈部较长，过滤时容易形成液柱，使滤速加快，因此用于重量分析实验中。漏斗口直径规格通常在 40～300 mm 之间。漏斗不能用火直接加热。

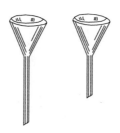

图 1-1-18　漏斗

14. 点滴板

点滴板又称比色板，是化学分析中简便快速的定性分析器皿(见图 1-1-19)。规格有 6 孔与 12 孔，颜色有黑色与白色两种。试剂反应在点滴板凹槽中进行。有色沉淀反应用白色点滴板，白色沉淀反应用黑色点滴板。

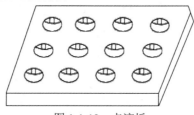

图 1-1-19　点滴板

15. 坩埚

坩埚规格以容积(mL)大小表示，一般由瓷、石英、铁、镍和铂等材料制成(见图 1-1-20)。随固体性质不同可选用不同质地的坩埚作为灼烧固体用的器皿。坩埚可直接用火加热至高温。灼热的坩埚不可直接放在桌上，应放在石棉网上冷却。

图 1-1-20　坩埚

16. 蒸发皿

蒸发皿的规格以皿口直径(mm)和皿高(mm)表示，有圆底蒸发皿(具嘴)和平底蒸发皿(具嘴)之分(见图 1-1-21)，有瓷、铂等不同质地，供蒸发不同的液体时选用。蒸发皿耐高温，不宜骤冷。蒸发溶液时，一般放在石棉网上加热。瓷蒸发皿有带柄与无柄两种类型。

图 1-1-21　蒸发皿

17. 抽滤瓶、布氏漏斗

抽滤瓶又称过滤瓶，它的规格用容量(mL)、瓶高(mm)、瓶底外径(mm)和瓶颈外径(mm)大小表示(见图 1-1-22)。

布氏漏斗为瓷质，中间有一块很多小孔的板(见图 1-1-23)。布氏漏斗的规格以其容量(mL)和口径(mm)表示。它和抽滤瓶及抽气泵配套使用，用于化合物制备中晶体或沉淀的减压过滤。

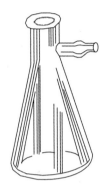
图 1-1-22 抽滤瓶

图 1-1-23 布氏漏斗

18. 石棉(铁丝)网

石棉(铁丝)网由铁丝编成，中间涂有石棉，有大小之分(见图 1-1-24)。石棉是热的不良导体，能使受热物体均匀受热，不致造成局部高温，引起受热液体迸溅。石棉网不能与水接触，以免石棉脱落和铁丝锈蚀。

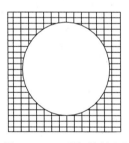
图 1-1-24 石棉(铁丝)网

19. 研钵

研钵的规格以其内径(mm)和钵身高(mm)的大小表示(见图 1-1-25)。由瓷、玻璃、玛瑙和铁等材料制成，用于研磨各种刚体物质。研钵只能研而不能敲，也不能用火直接加热。

图 1-1-25 研钵

20. 铁架台、铁环台和铁夹

铁架台、铁环和铁夹用于固定或放置反应容器。铁环可以代替漏斗架放置漏斗，铁架台上的铁环换上滴定夹可夹持滴定管(见图 1-1-26)。

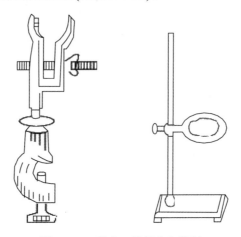

图 1-1-26　铁夹、铁架台和铁环

21. 铁三脚架

铁三脚架有大小、高低之分，且比较牢固(见图 1-1-27)。在铁三脚架上放上石棉(铁丝)网或铁丝网等，然后在网上就可以放置反应容器，如烧杯、蒸发皿等。

图 1-1-27　铁三脚架

22. 坩埚钳

坩埚钳是铁制品，用于夹持坩埚(见图 1-1-28)。要夹持在高温中的坩埚时，须把坩埚钳放在火焰旁边预热一下，以兔坩埚因骤冷而破裂。坩埚钳用完后应平放在桌上。

图 1-1-28　坩埚钳

23. 洗瓶

常用塑料制成挤压式洗瓶，其规格以容量(mL)表示(见图 1-1-29)，如 250 mL、1000 mL 洗瓶。洗瓶盛装蒸馏水，用于洗涤沉淀和容器。洗瓶不能用火直接加热。

图 1-1-29 洗瓶

24. 温度计

温度计是专门用于测量物质温度的仪器，其规格按计温范围、分度、管的全长(mm)和管径(mm)的大小来区分(见图 1-1-30)。

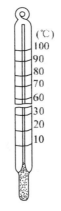

图 1-1-30 温度计

化学实验中常用的温度计是细玻套水银温度计，温度计水银球部位的玻璃很薄，容易打破，使用时要特别注意保护。不能将温度计当搅拌棒使用，也不能测定超过温度计所规定的温度。温度计使用后要让它自然冷却，特别在测量高温之后，切不可骤冷，否则容易破裂。在测量高温后，应将温度计悬挂起来，让其慢慢冷却。温度计使用后要洗净抹干，放置于温度计盒内保存，盒底要垫上一小块棉花。如果是纸盒，放回温度计时要预先检查盒底是否完好。

第 2 章 化学实验的基本操作

一、台天平的使用方法

台天平又叫托盘天平，用于粗略(精确度要求不高)的称量，一般能称准至 0.1 g，也有可称准至 0.01 g 的，其使用方法相同。台天平的横梁架在台天平座上，横梁左右各有一个盘子。在横梁中部的上方有指针 A，根据指针 A 在刻度盘 B 上摆动的情况，可以看出台天平的平衡状态(见图 1-2-1)。使用台天平称量时，可按下列步骤进行。

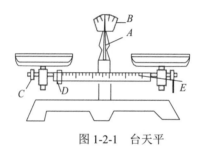

图 1-2-1 台天平

1. 零点调整

使用台天平前需把游码 D 放在刻度尺的零点处。托盘中未放物体时，如指针不在刻度零点附近，可用零点调节螺丝 C 进行调节。

2. 称重

称量物不能直接放在天平盘上称量，以避免天平盘受腐蚀。一般物品应放在已称量过的纸或表面皿上，潮湿或具有腐蚀性的药品则应放在玻璃容器内。台天平不能用于称量热的物质。

称量时，称量物放在左盘，砝码放在右盘，应按从大到小的次序添加砝码。在添加刻度标尺 E 以内的质量时可移动游码 D，直至指针 A 指示的位置与零点相符(偏差不超过 1 格)或指针 A 左右摆动的格数相等(偏差不超过 1 格)，砝码质量加上刻度尺的读数即为称量物的质量。

3. 称量完毕

称量完毕后应把砝码放回盒内，把游标尺的游码移到刻度"0"处。将台天平打扫干净。

二、分析天平的使用方法

分析天平是定量分析中的主要仪器之一，称量也是定量分析中的一个重要基本操作，因此必须了解分析天平的结构及其正确的使用方法。常用的分析天平有半自动电光天平、全自动电光天平、单盘电光天平和电子分析天平等。

(一) 分析天平的构造

不同种类的分析天平在构造和使用方法上虽然有些不同，但它们的设计大多依据杠杆原理(见图 1-2-2)。杠杆 ABC 代表等臂的天平梁，B 为支点。P 与 Q 分别代表被称量物体(质量 m_1)和砝码(质量 m_2)施加于 ABC 的向下作用力。当杠杆达到平衡时，根据杠杆原理，支点两边的力矩应相等，即

$$P \cdot AB = Q \cdot BC$$

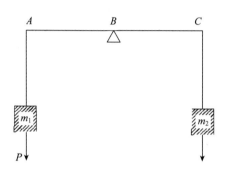

图 1-2-2 杠杆原理示意图

由于等臂天平 $AB = BC$，因而 $P = Q$，即砝码的重量与被称量物体的重量相等。设重力加速度为 g，则

$$m_1 g = m_2 g$$

所以 $m_1 = m_2$，即砝码的质量与被称量物质的质量相等。此时，被测物质的质量可由砝码的质量表示。

现以等臂双盘电光天平为例来介绍分析天平的一般结构，图 1-2-3 为 TG-328 型电光天平的正面图。它的主要部件是铝合金制成的三角形横梁(天平梁)5，横梁上装有 3 把三棱形的小玛瑙刀，其中一把装在横梁中间，刀口向下，称为支点刀。支点刀放在一个玛瑙平板的刀承上，相当于图 1-2-2 中杠杆的 B 点。另外两把玛瑙刀则分别等距离地安装在横梁的两端，刀口向上，称为承重刀，相当于图 1-2-2 中杠杆的 A、C 两点。3 把刀口的棱边完全平行且处于同一平面上。由于刀口的锋利程度直接影响天平的灵敏度，故应注意保护，使之不受撞击或振动。

横梁两端原承重刀上分别悬挂两个吊耳 3，吊耳的钩挂有秤盘 12，下钩挂空气阻尼器 1。空气阻尼器是由两个铝制的圆筒形盒构成，其外盒固定在天平柱上，盒口朝上，直径稍小的内盒则悬挂在吊耳上，盒口朝下。内外盒必须不相接触，以免互相摩擦。当天平梁摆动时，内盒随天平横梁在外盒内上下移动。这样由于盒内空气的阻力，天平很快就会停止摆动。

为了便于观察天平横梁的倾斜程度，在横梁中间装有一根细长的金属指针 10，并在指针下端装有微分标牌。

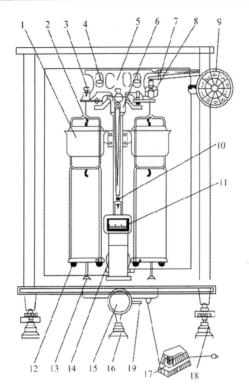

1—空气阻尼器；2—挂钩；3—吊耳；4—零点调节螺丝；5—横梁；6—天平柱；7—圈码钩；
8—圈码；9—指数读盘；10—指针；11—投影屏；12—秤盘；13—盘托；14—光源；15—升降钮；
16—底垫；17—变压器；18—调水平螺旋；19—调零杆

图 1-2-3　TG-328B 型电光天平的正面图

　　为了保护刀口，升降钮 15 可以使天平梁慢慢托起或放下。当天平不使用时应将横梁托起，使刀口和刀承分开。切不可接触未将天平梁托起的天平，以免磨损刀口。

　　横梁的顶端装有调节零点的螺丝 4，用以调节天平的零点。横梁的背后装有感量调节圈(重心调节螺丝)，以调整天平活动部分的重心。若重心调节螺丝的位置往下移，则天平稳定性增加，灵敏度降低。

　　为了保护天平，并减少周围温度、气流等对称量的影响，分析天平应装在天平箱中，其水平位置可通过支柱上的水准器(在横梁背后)来指示，并由垫脚上面的调水平螺旋 18 来调节。使用天平时，首先应将其调节到水平位置。

　　每台天平都有它配套的一盒砝码，每个砝码都必须在砝码盒内的固定位置上。砝码组合通常有 100 g、50 g、20 g、20* g、10 g、5 g、2 g、2* g、1 g，两个质量值相同的砝码，其中一个有"*"标记。为了减少误差，同一个实验称量中，应尽可能使用相同的砝码，砝码在使用一定时间后，应进行校准。1 g 以下的质量，由机械加码装置和光学读数装置读出。使用时，只要转动指数盘的加码旋钮 9，则圈码钩 7 就可以将圈码 8 自动地加在天平梁右臂的金属窄条 2 上，加入圈码的质量由指数盘标出。如果天平的大小砝码全部都由指数盘的加码旋钮自动加减，则称为全自动电光天平。

　　天平底板上装有调零杆 19，拨动调零杆来移动投影屏，可进行天平零点的微调。光学读数装置如图 1-2-4 所示。称量时打开图 1-2-3 中的升降钮 15 接通电源，灯泡发出的光经过聚光管 6 聚光后，照在透明微分标尺 5 上，再经物镜筒 4，放大的标尺像经反射镜 3 和反射镜 2 后，到达投影屏 1 上，因此在投影屏上可以直接读出微分标尺刻度。由于微分标尺装在指针的下端，因此也就可以直接从投影屏上读取指针所指的刻度。微分标尺刻有 10 大格，每一大格相当于 1 mg，每一大格又分别为 10 小格(即 10 分度)，每分度相当于 0.1 mg。因此在投影屏上显示出的标尺读数向右(或向左)移动一小格时相当于增加(或减少)砝码 0.1 mg，所以在投影屏上可以直接读出 0.1～10 mg 的质量。

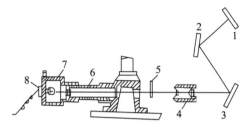

1—投影屏；2，3—反射镜；4—物镜筒；5—微分标尺；6—聚光管；7—照明筒；8—灯头座

图 1-2-4　光学读数装置

单盘电光天平(见图 1-2-5)仅有一个称量盘(单盘)，全部小砝码都挂在盘的上部，在梁的另一端则装有固定的重锤和阻尼器与之平衡。称量时把物体放入盘中，减去适当的砝码，使天平重新达到平衡。这时，被减去砝码的质量，即为被称量物体的质量，并由指数盘和投影屏直接读出(见图 1-2-6)，所以它是一种减码式的全自动电光天平。

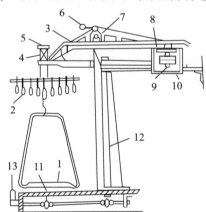

1—天平盘；2—可动砝码；3，4—玛瑙刀口；5—吊耳；6—零点调节螺丝；7—调重心螺丝；

8—空气阻尼片；9—平衡锤；10—空气阻尼筒；11—托盘；12—升降枢；13—旋钮

图 1-2-5　单盘电光天平

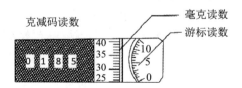

读数示例：18.5346 g

图 1-2-6　指数盘和读数标尺

电子天平是新一代的天平，是根据电磁力平衡原理，称量不需要砝码，放上被称物后，在几秒钟内即达到平衡，显示读数，称量速度快、精度高。其外形如图 1-2-7 所示，其使用方法如下：

(1) 调水平：调整地脚螺栓高度，使水平仪内空气气泡位于圆环中央。

(2) 预热：接通电源，预热 30 min(天平在初次接通电源或长时间断电之后，至少需要预热 30 min)。为取得理想的测量结果，一般不切断电源，天平应保持在待机状态。

(3) 开机：按开关键 ON/OFF，显示器全亮，约 2 s 后显示天平的型号，然后是称量模式 0.0000 g。读数时应关上天平门。

(4) 校正：首次使用天平必须进行校正，因存放时间较长、位置移动、环境变化或为获得精确测量，天平在使用前一般都应进行校正操作。按校正键 CAL，天平将显示所需校正砝码质量，放上砝码直至出现与校正砝码相同的数据，校正结束。

(5) 称量：使用去皮键 TARE，去皮清零，放置被称物于秤盘上，关上天平门，进行称量。

(6) 关机：称量结束后按天平 ON/OFF 键关闭显示器。若当天不再使用天平，应拔下电源插头。一般天平应一直保持通电状态(24 h)，不使用时将开关键关至待机状态，使天平保持保温状态，可延长天平使用寿命。

图 1-2-7　电子天平外形图

(二) 分析天平的灵敏度

1. 天平灵敏度的表示方法

天平的灵敏度(E)是天平的基本性能之一。它通常是指在天平的一个盘上，增加 1 mg 质量所引起指针偏斜的程度。因此指针偏斜的角度愈大，则灵敏度也愈高。灵敏度 E 的单位是分度/mg。在实际使用中也常用灵敏度的倒数来表示，即

$$S = \frac{1}{E}$$

S 称为天平的分度值(感量)，单位是 mg/分度。例如，一般电光天平分度值 S 以 0.1 mg/分度为标准，则

$$灵敏度(E) = \frac{1}{0.1} = 10 \ (分度/mg)$$

即加 1 mg 质量可引起指针偏移 10 分度。0.1 mg 为 1 g 的万分之一，故这类天平也称为万

分之一天平。一般使用的电光天平灵敏度的要求为增加 10 mg 质量时指针偏移的分度数在 100 ± 2 分度之内，否则应该用重心调节螺丝进行调整。天平的灵敏度太低，则称量的准确度达不到要求；灵敏度太高，则天平的稳定性太差，也影响称量的准确度。

天平的基本性能除了灵敏度，一般还用示值变动性和不等臂性来表示。示值变动性是在不改变天平状态的情况下，重复开关旋钮数次，当天平达到平衡时指针所指位置的最大值和最小值之差来表示。使用中的天平要求示值变动性不超过 1 分度。示值变动性太大，则天平的稳定性差。不等臂性是指天平横梁两臂不相等的程度，使用中的分析天平要求不等臂性误差不大于 9 分度。此误差的大小与天平的载荷大小成正比，称量中一般只使用最大载荷的几分之一、几十分之一或更小，因此这时的不等臂性误差可以忽略。

2. 灵敏度的测定

(1) 零点的测定。测定灵敏度前，先要测定天平的零点。零点(空载平衡点)是指未载重的天平处于平衡状态时指针所指的标尺刻度。载重天平处于平衡状态时所指的标尺刻度则称为平衡点(或停点)。

测定零点时，先接通电源，然后顺时针方向慢慢转动升降钮，待天平达到平衡后，检查微分标尺的零点是否与投影屏上的标线重合，如两者相差较大则应旋动零点调节螺丝(图 33 中的 4)进行调整。如相差不大可拨动旋钮下面的调零杆 19，挪动一下投影屏的位置，便可使两者重合。

(2) 灵敏度的测定。零点调节后，在天平的左盘上放一校准过的 10 mg 片码，启动天平，若标尺移动的刻度与零点之差在 100 ± 2 分度范围内，则表示其灵敏度符合要求；若超出此范围，则应进行调节(不要求学生自己调)。

天平载重时，梁的重心将略向下移，故载重后的天平灵敏度有所降低。

(三) 称量方法

1. 直接法

此法用于称取不易吸水、在空气中性质稳定的物质。可将试样置于天平盘的表面皿上直接称取。称量时先调节天平的零点至刻度 "0" 或 "0" 附近，把待称物体放在左盘的表面皿中，按从大到小的顺序加减砝码(1 g 以上)和圈码(10～990 mg)，使天平达到平衡。则砝码、圈码及投影屏所表示的质量(经零点校正后)即等于该物质的质量。

例如，称量一物体时，天平的零点为 -0.1 分度(相当于 -0.0001 g)，称量达到平衡时，称量结果为：砝码重 16 g，指数盘读数为 360 mg，投影屏读数为 6.4 mg，则物体的重量为 $16.3664 - (-0.0001) = 16.3665(g)$。

如指定称取 0.5 g 左右(称准到小数点第四位)的试样时，可先调节机械加码于 500 mg 处，在左盘上加入试样，然后增减圈码称试样，使其在 0.5 g 左右达到平衡，记下准确的称量结果，并将称得的试样，全部转移到准备好的干净容器中。

2. 减量法

此法用于称量粉末或容易吸水、氧化、与 CO_2 反应的物质。一般使用称量瓶称取试样。称量瓶使用前须清洗干净，在 105℃ 左右的烘箱内烘干(见图 1-2-8)，放入干燥器内冷却。烘干的称量瓶不能用手直接拿取，而要用干净的纸条套在称量瓶上拿取(见图 1-2-9)。称量样品时，把装有试样的称量瓶盖上瓶盖，放在天平盘上，准确称至 0.1 mg。用左手捏紧套在称量瓶上的纸条，取出称量瓶，右手隔着一小纸片捏住盖顶，在靠近容器口的上方轻轻地打开瓶盖(勿使盖离开烧杯口或锥形瓶口上方)。一边用瓶盖轻轻敲瓶口上方，一边慢慢地倾斜瓶身，使试样慢慢落入烧杯(或锥形瓶)中(见图 1-2-9)。一般使称量瓶瓶底的高度与瓶口相同或略低于瓶口，以防试样冲出太多。当倾出的试样已接近所需的量时，慢慢将瓶竖起，同时用瓶盖轻轻敲击瓶口，使附在瓶口的试样落入容器或称量瓶中，然后盖好瓶盖，这时方可将称量瓶离开容器上方并放回天平盘再进行称量。最后，由两次称量之差计算取出试样的质量。如此继续进行可称取多份试样。

图 1-2-8　称量瓶的烘干

图 1-2-9　取出试样

(四) 使用天平的规则

分析天平是一种精密仪器，使用时必须严格遵守下列规则：

(1) 称量前应进行天平的外观检查(见实验 12)。

(2) 热的物体不能放在天平盘称量，因为天平盘附近因受热而上升的气流，将使称量结果不准确。天平梁也会受热膨胀影响臂长以致产生误差。因此应将热的物体冷却至室温后再进行称量。

(3) 对于具有腐蚀性的蒸气或吸湿性的物体，必须把它们放在密闭容器内称量。

(4) 在天平盘上放入或取下物品、砝码时，都必须先把天平梁托住，否则容易使刀口损坏。

(5) 旋转升降钮应细心缓慢，开始加砝码时，先估计被称量物重，选加适当的砝码；然后微微开启天平，如指针标尺已摆出投影屏以外，应立即托起天平梁，从大到小换砝码，直到指针的偏转在投影屏的标牌范围内；在托住天平梁后，关好天平门，然后完全开启天平，待天平达到平衡时记下读数。

(6) 称量的物体及砝码应尽可能放在天平盘的中央，使用自动加码装置时应一档档慢慢地转动，以免圈码相碰或跳落。

(7) 分析天平的砝码都有准确的质量，取放砝码时必须用镊子，而不得用手直接拿取，以免弄脏砝码使质量不准。砝码都应该放在砝码盒中固定的位置上，称量结果可先根据砝码盒中空位求出，然后再和盘上砝码重新校对一遍。

(8) 称量完毕后，应将砝码放回砝码盒内，用毛刷将天平内掉落的称量物清除，检查天平梁是否托住，砝码是否复原，指数读盘是否回零，关好天平门，切断电源。然后用罩布将天平罩好，做好使用天平的记录。

三、灯的使用

在实验室的加热操作中，常使用酒精灯、酒精喷灯、煤气灯或电炉灯。酒精灯的温度通常可达 400℃～500℃，酒精喷灯或煤气灯的最高温度通常可达 1000℃，高温电炉则可达更高的温度。灯的火焰一般分成三部分，各处温度不同，图1-2-10 中，数字代表火焰的温度：1—高温；2—较高温；3—低温；4—最低温。

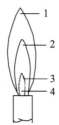

图 1-2-10　灯火焰温度的分布

1. 酒精灯

加入酒精量不能超过酒精灯容积的 2/3。点燃酒精灯需用打火机，切勿用已点燃的酒精灯直接去点燃别的酒精灯。熄灭灯焰时，切勿用口去吹，将灯罩盖上，火焰即灭；然后再提起灯罩，待灯口稍冷，再盖上灯罩，这样可以防止灯口破裂。长时间加热时最好预先用湿布将灯身包住，以免灯内酒精受热大量挥发而发生危险。不用时，必须将灯罩盖好，以免酒精挥发(见图1-2-11)。

图 1-2-11　酒精灯

2. 酒精喷灯

常用的酒精喷灯有挂式(见图 1-2-12)及座式两种，挂式酒精喷灯的酒精贮存在悬挂于高处的贮罐内，而座式喷灯的酒精则贮存在灯座内。

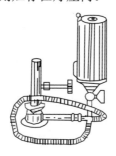

图 1-2-12　挂式酒精喷灯的结构

使用酒精喷灯前，先在预热盆中注入酒精，然后点燃盆中的酒精以加热铜质灯管。待盆中酒精将近燃完时开启开关(逆时针转)，这时由于酒精在灯管内气化，并与来自气管孔的空气混合，开关阀门可以控制火焰的大小。用毕后，旋紧开关，即可使灯焰熄灭。应当指出，在开启开关、点燃管口气体以前，必须充分灼热灯管，否则酒精不能全部气化，会有液态酒精由管口喷出，可能形成"火雨"(尤其是挂式酒精喷灯)，甚至引起火灾。挂式酒精喷灯不使用时，必须将贮罐开关关好，以避免酒精漏出，甚至因此而发生事故。

四、加热方法与冷却方法

1. 加热方法

常用的加热仪器有烧杯、烧瓶、锥形瓶、蒸发皿、坩埚、试管等。这些仪器一般不能骤热骤冷，受热后也不能立即与潮湿的或冷的物体接触，以免由于骤冷骤热而破裂。加热液体时，液体体积一般不应超过容器的一半，在加热以前必须将容器外壁擦干。

烧杯、锥形瓶、烧瓶等加热时，必须放在石棉网上加热，以免受热不匀而破裂。蒸发皿、坩埚可放在石棉网上加热，或放在泥三角上加热、灼热(见图 1-2-13)，如需移动则必须用干净的坩埚钳夹取。

在火焰上加热试管时，应使用试管夹夹住试管的中上部(也可用拇指和食指持试管)，试管与桌面成约 60°角的倾斜(见图 1-2-14)。如果加热液体，应先加热液体的中上部，慢慢移动试管，热下部，然后不时上下移动或摇荡试管，务必使内部的液体受热均匀，以免管内液体因受热不均匀而骤然溅出。

在加热潮湿的或加热后有水产生的固体时，应将试管口稍微向下倾斜，使管口略低于底部(见图 1-2-15)，以免在试管口冷凝的水流向灼烧的管底而使试管破裂。

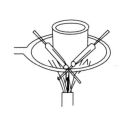 

图 1-2-13　坩埚的灼烧　　　图 1-2-14　用试管加热液体　　　图 1-2-15　用试管加热潮湿的固体

如果要在一定范围的温度下进行较长时间加热，则可使用水浴(见图 1-2-16)、蒸汽浴(见图 1-2-17)或砂浴等。水浴或蒸气浴可用具有可移动的同心圆盖的铜制水锅(见图 1-2-17)，也可用烧杯。砂浴则用盛有细砂的铁盘。应当指出，离心试管由于管底的玻璃较薄，不宜直接加热，应在热水浴中加热。

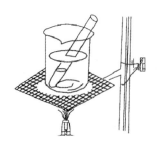 

图 1-2-16　水浴加热　　　　　　　　图 1-2-17　蒸汽浴加热

在 100℃～250℃间加热可用油浴。常用的油类有液体石蜡、豆油、棉籽油、硬化油(如氢化棉籽油)等。新用的植物油加热以不超过 200℃为宜，用久以后，可加热到 220℃。硬化油可加热到 250℃左右。使用时万一着火，不要慌张，应首先关闭热源，再移去周围易燃物，然后用石棉盖住油浴口。油浴口应悬挂温度计，以便控制温度。

加热完毕后，把容器提出油浴液面，此时仍用铁夹夹住，置于油浴上面，待附着在容器外壁上的油流完后，用纸或干布把容器外壁擦净。

2. 冷却方法

将反应物冷却的最简单的方法是将盛有反应物的容器适时的浸入冷水浴中。某些反应需在低于室温的条件下进行，则可用水和碎冰的混合物作冷却剂，它的冷却效果比单用冰块好，因为它能和容器更好地接触。如果水的存在不妨碍反应的进行，则可以把碎冰直接投入反应物中，这样能更有效地保持低温。

若要把反应混合物冷却到 0℃以下，可用食盐和碎冰的混合物，食盐投入冰内时碎冰易结块，最好边加边搅拌；也可用冰与六水合氯化钙结晶($CaCl_2 \cdot 6H_2O$)的混合物，温度可降到 −20℃～−40℃。如用干冰(固体二氧化碳)与丙酮混合物，温度可降到 −77℃。

五、药品的取用方法

取用药品前，应看清标签和瓶子类型。取用药品时，如遇到瓶塞顶是平的或很接近平的瓶塞，取出后要倒置桌上，并要放稳妥；如遇到瓶塞顶不是平的，是扁凸的，或球状的，要用食指和中指(或中指和无名指)将瓶塞夹住(或放在清洁、干净的平玻璃上，但要防止污染)，绝不可横置桌上。

固体药品需用清洁、干燥的药匙(塑料、玻璃或牛角的)取用，不得用手直接拿取。

液体药品一般可用量筒量取或用滴管吸取。用滴管将液体滴入试管中时，左手垂直地把持试管，右手持滴管放在试管口的正中上方(见图 1-2-18(a))，否则，滴管口易沾有试管壁上的其他液体。如果将此滴管放入药品瓶中，则会污染该瓶中的药品(见图 1-2-18(b))。若使用的是滴瓶中的滴管，使用后应立即插回原来的滴瓶中，不得把盛有液体药品的滴管横置或将滴管口向上斜放，以免液体流入滴管的橡皮头内。

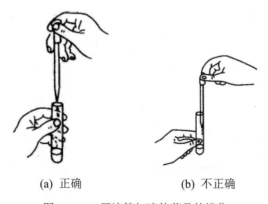

(a) 正确　　　　　　　　(b) 不正确

图 1-2-18　用滴管加液体药品的操作

用量筒取液体时，应左手持量筒，并以大拇指指示所需体积的刻度处；右手持药品瓶

(药品标签应在手心处)，瓶口紧靠量筒口边缘，慢慢注入液体到所指刻度(见图1-2-19)。读取刻度时，视线应与量筒内液体的弯月面的最低处保持在同一水平上。如果不谨慎，倾出了过多的液体，不可倒回原瓶，应报告老师处理。

图 1-2-19　用量筒量取液体的操作

药品取用后，必须立即将瓶塞盖好。实验室中公共药品的摆放，一般均有一定的次序和位置，不得任意移动。若必须移动药品瓶，使用后应立即放回原处。

六、沉淀的分离、洗涤、烘干和灼烧

1. 沉淀的分离和洗涤

1) 倾析法

当沉淀的比重较大或结晶颗粒较大，静置后容易沉降至容器的底部时，可用倾析法。首先让固-液系统充分静置，将沉淀上部出现的澄清溶液倾入另一容器内，即可使沉淀和溶液分离(见图1-2-20)。洗涤时，可往盛着沉淀的容器内加入少量洗涤试剂(常用的有蒸馏水、乙醇等)，把沉淀和洗涤试剂充分搅匀后，充分静置，使沉淀沉降，再小心地倾出洗涤液。如上操作重复两三遍，即可洗净沉淀。

图 1-2-20　倾析法

2) 过滤法

分离溶液与沉淀最常用的操作是过滤法。当溶液和沉淀的混合物通过滤器(如滤纸)时，沉淀就留在滤器上，溶液通过滤器。过滤后所得的溶液通常称为滤液。

溶液的温度、黏度，过滤时的压力，过滤器孔隙大小和沉淀的性质，都会影响过滤的速度，热溶液比冷溶液易过滤。溶液的黏度越大，过滤越慢，减压过滤比常压过滤快。过滤器要选择适当的孔隙，太大易透过沉淀，太小易被沉淀堵塞，使过滤难以进行。若沉淀呈现胶状时，能穿透一般的滤器(如滤纸)，应设法把沉淀的胶态破坏(例如加热)。总之，要考虑各方面的因素来选用不同的过滤法。

常用的过滤法有常压过滤和减压过滤，现分述如下：

(1) 常压过滤。

常压过滤就是在通常的气压下，用贴有滤纸的漏斗作为滤器来进行过滤。其操作如下：

① 选择滤纸和漏斗。根据沉淀量多少和沉淀性质(胶状沉淀或晶状体沉淀)来选择尺寸和孔隙大小(或致密程度)合适的圆形滤纸。沉淀的量多，滤纸要大。沉淀只能装到相当于滤纸圆锥高度的 1/3～1/2 处。经常用的是 7 cm、9 cm 或 11 cm 的圆形滤纸。如果沉淀呈胶状，所占体积大，则滤纸要大些，而且应用质松孔大的滤纸。沉淀粒度愈细，所需滤纸应愈致密。漏斗一般选长颈(颈长 15～20 cm)的。漏斗锥体角度应为 60°，颈内径要小些(通常是 3～5 mm)，以便在颈内容易保留液柱，这样才能因液柱的重力而产生抽滤作用，过滤才能迅速(见图 1-2-21)。在整个过滤过程中，漏斗颈内能否保持液柱，这不仅与漏斗选择有关，还与滤纸的折叠、滤纸是否紧贴在漏斗的内壁上、漏斗内壁是否洗净、过滤操作是否正确等因素有关。

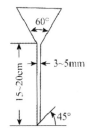

图 1-2-21　长颈漏斗尺寸

② 滤纸的折叠。过滤时，手要洗净擦干。然后把选好的圆形滤纸折叠成圆锥体后放入漏斗中(见图 1-2-22)，此时，滤纸圆锥体上边缘应低于漏斗边缘 1 cm 左右，滤纸圆锥体上边缘大部分应与漏斗内壁密合，而滤纸圆锥顶部的极小部分与漏斗内壁形成隙缝。如果漏斗圆锥角为 60°，滤纸圆锥体角度应稍大于 60°(大 2°～3°)。为此，先把滤纸整齐地对折成半圆形(见图 1-2-22(b))，然后再对折，但不要把半圆的两角对齐而是向外错开一点(见图 1-2-22(c))。这样打开后所形成的圆锥体的顶角就稍大于 60°。

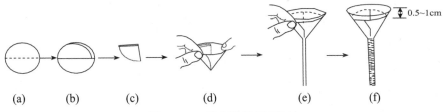

(a)　　　(b)　　　(c)　　　(d)　　　(e)　　　(f)

图 1-2-22　滤纸的折叠和贴法

将折叠的滤纸打开成圆锥形，放入漏斗(此时漏斗应干净且干燥)，如果滤纸的圆锥体绝大部分与漏斗内壁不十分密合，可以稍稍改变滤纸的第二次折叠程度，直到与漏斗内壁密合为止，此时可以把第二次的折边折死，并由漏斗中取出。这时的滤纸呈圆锥体(见图 1-2-22(d))，半边为三层，另一边为一层。然后把三层一方的外两层折角撕下一小块，这样可使这个地方的内层滤纸更好地贴在漏斗上，否则此处会有空隙(撕下来的纸角放在干净的表面皿上，必要时有用)。把正确折叠好的滤纸圆锥体放入漏斗。放入时注意，滤纸锥体的三层应放在漏斗出口短的一边，并使滤纸锥体与漏斗内壁密合。这时一手的食指和拇指按住滤纸锥体三层一边和漏斗(见图 1-2-22(e))，不可松开，另一手拿洗瓶用细水流把滤纸润湿，然后用手指轻压滤纸锥体上部(绝大部分)，使之与漏斗内壁间没有空隙，滤纸紧贴在内壁上，再往滤纸锥体内的三层一边加入蒸馏水至几乎达到滤纸边(不得超过)。水下流时漏斗颈应全部被水充满，而漏斗颈内的水柱仍能保留(见图 1-2-22(f))。若不能充满，则可能是漏斗颈太大，或滤纸与漏斗内壁的气泡没有完全排除，或漏斗内壁、颈内壁没有洗净，或滤纸与漏斗没有密合等因素造成的，应设法加以解决，在全部过滤过程中，漏斗颈必须一直被液体所充满(形成水柱)，过滤才能迅速。

③ 过滤装置。将紧贴好滤纸的漏斗放在漏斗架孔或铁架台的铁圈中，滤纸的三层一边向外。漏斗下放一承接滤液的干净烧杯(或其他容器)，漏斗出口处长的一边紧靠杯壁(但不要靠在杯嘴附近)，以便滤液顺着器壁流下，不至于四溅。漏斗位置的高低，以过滤过程中漏斗颈的出口不接触滤液为度(见图 1-2-23)。在同时进行几个平行分析时，应把装有待滤沉淀的溶液的烧杯标号，并分别放在相应的漏斗之前，以免相混。

图 1-2-23　过滤装置

④ 过滤。过滤一般分为三个阶段，即先转移澄清溶液，后转移沉淀，最后洗涤烧杯和玻璃棒。要注意，过滤和洗涤一定要一次完成。

转移澄清液用倾析法。为了在倾注澄清溶液时尽可能不搅动沉淀，最好把放沉淀的烧杯一头用木板垫起，倾斜静置，注意烧杯嘴向下(即将烧杯嘴相对一边杯底垫高，而且垫高的一边是右边(见图 1-2-24(a))。待溶液与沉淀分清以后，用右手轻轻拿起烧杯，勿使沉淀搅动，将烧杯移到漏斗上使烧杯嘴正好在漏斗中心上方。倾斜烧杯，同时用左手从烧杯中轻轻提起玻璃棒(加沉淀剂溶液时用以搅拌以后，除过滤转移溶液时可移至漏斗口上方，其余时间一直留在烧杯中)，并将玻璃棒下端的液体接触烧杯内壁，以便悬在玻璃棒下端的溶液流回烧杯中(见图 1-2-24(b))。将玻璃棒与烧杯嘴紧贴，并使玻璃棒垂直直立，下端对着滤纸三层一边，不要直立在滤纸锥体的中心或一层处，并尽可能接近，但不能接触滤纸(见图 1-2-24(c))。用洁净的烧杯倾斜承接滤液(即使滤液不要也这样要求)。然后，慢慢倾斜烧杯，勿使杯底沉淀搅起，使上层清液沿玻璃棒流入漏斗。当烧杯里留下液体很少而不易流出时，可以稍向左倾斜玻璃棒，使烧杯倾斜度更大些，液体则比较容易流出。注意液体只能加到距离滤纸边缘 5 mm 处，再多则会使沉淀"爬"到漏斗上去。应控制清液的流出速度，使上层清液的倾注过程一次完成，尽量避免在装漏斗时，中断倾注而等待过滤。在每次倾注结束时或有必要中断倾注时，必须先扶正烧杯(在扶正烧杯的过程中，不要拿开玻璃棒)，然后随着烧杯向下直立，可慢慢把烧杯嘴贴着玻璃棒向上提一些，等玻璃棒和烧杯由相互垂直变为平行时，将玻璃棒移开烧杯嘴而迅速移入烧杯(这样才能避免留在棒端及烧杯嘴上的液体落在漏斗外面)把烧杯放在桌上，此时玻璃棒不要靠在烧杯嘴处，因为此处可能沾有少量沉淀。

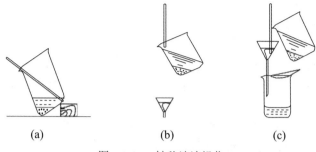

图 1-2-24　转移溶液操作

⑤ 沉淀的洗涤。如果需要洗涤沉淀，则等清液转移完毕后，往盛有沉淀的烧杯中加入少量的洗涤剂(洗涤剂可以是水或沉淀溶液等)，洗涤剂应沿烧杯内壁四周加入，以便将杯壁上沉淀洗下，充分搅拌混合(玻璃棒只能搅动沉淀和溶液，不可触动杯壁和杯底，以免将烧杯内壁磨出痕来，沉淀沉积在痕里，造成沉淀洗涤困难，使沉淀难以全部转移出来)，静置，待沉淀下沉后，把澄清洗涤液按过滤法转移入漏斗，如此重复操作 2～3 遍。最后，用试管承接最后一次洗涤的滤液约 1 mL，用来检查滤液中的杂质含量，就可判断沉淀是否洗净。注意，洗涤液体积过大，会造成溶解误差，还会影响滤液蒸发浓缩的时间。

⑥ 转移沉淀。转移沉淀时，往盛有沉淀的烧杯中加入少量洗涤剂(沿杯壁四周加入)，加入洗涤剂的量(包括沉淀的量)应该比滤纸锥体一次所能容纳的体积稍少些。搅拌混合液(勿使沉淀溅在器壁上)，待沉淀下沉，按转移清液的方式将沉淀与洗涤剂的混合液转移入漏斗，注意最后一滴混合液，慎勿流到烧杯外壁或顺玻璃棒端落在漏斗外边。再次往烧杯中加一份洗涤剂，将溶液及沉淀搅拌混合，按上法转移，如此重复操作 2～3 遍。最后一次转移以后如仍有沉淀未转移完全，特别是杯壁和玻璃棒上粘有沉淀，此时还需从塑料洗瓶中挤出少量的蒸馏水淋洗整个烧杯内壁，洗涤试剂和沉淀便顺着玻璃棒流入漏斗(见图 1-2-25)。注意挤出的洗涤试剂的液流要细，量不要过多，切勿使洗涤试剂超过滤纸边缘。

最后再用少量的蒸馏水淋洗烧杯和玻璃棒，洗涤的水也要转入漏斗中。这样转移到滤纸上的沉淀，经几次倾注洗涤后，基本上是清洁的，不含有很多母液。由于滤纸上的沉淀中必定还吸留着母液，所以要用少量蒸馏水多次仔细淋洗滤纸上的沉淀，每次淋洗滤纸边缘稍下一些的地方。滤纸锥体的三层的一边，不易洗涤充分，因此这个地方应多洗两次。洗涤时，要等第一次的洗涤液流尽以后，再进行第二次洗涤。如此继续直到沉淀上层平齐为止(见图 1-2-26)，注意用水量不能过多，洗涤水也必须全部滤入接受滤液的容器中。

图 1-2-25　残留沉淀的转移

图 1-2-26　沉淀在漏斗的洗涤

如果过滤的混合液含有能与滤纸作用的物质(如有些浓的强碱、强酸或强氧化性的溶液),因为它们会破坏滤纸,这时可用纯净的石棉或玻璃丝在漏斗中铺成薄层代替滤纸过滤。

(2) 减压过滤。

减压过滤简称抽滤。减压可以加速过滤,还可以把沉淀抽吸得比较干燥。但是胶态沉淀在过滤速度很快时会透过滤纸,颗粒很细的沉淀会因减压抽吸而在滤纸上形成一层密实的沉淀,使溶液不易透过,反而达不到加速的目的,故不宜用减压过滤法。

减压过滤装置由布氏漏斗、吸滤瓶、安全瓶和玻璃抽气管组成(见图 1-2-27)。玻璃抽气管(水泵)一般装在实验室中的自来水龙头上(用专门的抽滤泵效果更好,但成本较高)。

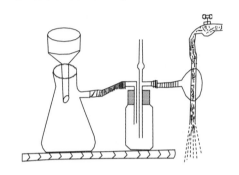

图 1-2-27　减压过滤装置

抽滤的原理是利用玻璃抽气管中急速的水流不断将空气带出,使与玻璃抽气管相连的安全瓶和吸滤瓶内压力减少,因而过滤的速度大大加快。安全瓶可以防止因关闭水阀或玻璃抽气管内水流速度突然改变而引起自来水倒吸,并进入吸滤瓶内将滤液沾污和冲稀。也正因为如此,在停止过滤时,应首先从吸滤瓶上拔掉连接的橡胶管,然后才关闭自来水龙头,以防止自来水倒吸入吸滤瓶内。

减压过滤操作时,先把滤纸剪成比布氏漏斗的内径略小但又能把瓷孔全部盖没的圆形。将滤纸放入漏斗中的瓷板上,用少量水湿润滤纸,微开自来水龙头,稍微抽气减压使滤纸紧贴在漏斗瓷板上。使溶液沿着玻璃棒转移入漏斗中,注意加入的溶液不要超过漏斗总体积的 2/3。开大水阀,待溶液全部转入漏斗内后,再把沉淀转移到滤纸的中间部分(不要把沉淀转移到滤纸边缘,否则会使取下滤纸和沉淀的操作较困难),其他操作与常压过滤相同。过滤完毕后,先拔掉连接吸滤瓶的橡胶管,后关自来水龙头。用手指或玻璃棒轻轻揭起滤纸边以取下滤纸和沉淀。瓶内的滤液则由吸滤瓶的上口倾出(瓶的侧口只作连接减压装置用,不要从其中倾出滤液,以免弄脏溶液)。

洗涤沉淀的方法与常压过滤中洗涤沉淀的方法相同,但不要使洗涤液过滤得太快(可适当地把自来水龙头关小一些),以免沉淀不能洗净。

如果被过滤的溶液具有强碱、强酸或强氧化性,溶液会和滤纸作用而把滤纸破坏,这时就需要在布氏漏斗上铺上石棉纤维来代替滤纸过滤。待石棉纤维在水中浸泡一段时间后,把石棉和水搅匀制成石棉纤维的悬浊液,倾入布氏漏斗内,倒入的量以恰好能形成厚薄合适的过滤层为宜。稍等片刻,使粗纤维自动下沉,然后开始轻轻抽气减压,使石棉纤维紧贴在漏斗瓷板上。铺完后,如果发现上面仍有小孔,则要在小孔上补加一些石棉纤维悬浊液,再抽气减压,直到没有小孔为止。应该尽量使石棉纤维铺成均匀、厚薄合适的过滤层，然后在抽气下，用水冲洗，直到滤出液不带有石棉毛为止。停止抽气时，应该先拔掉吸滤瓶与安全瓶间的橡胶管，以免冲坏滤层。使用石棉纤维与使用滤纸的操作方法完全相同。过滤后，沉淀往往和石棉纤维粘在一起，取下的沉淀中将会夹杂有较多的石棉纤维，所以此法比较适用于过滤后所要的是溶液，而沉淀是被废弃的情况。

为了避免沉淀被石棉纤维污染，可用玻璃砂芯漏斗来过滤具有强氧化性或强酸性的物质。过滤作用是通过熔接在漏斗中部具有微孔的烧结玻璃片进行的，故玻璃砂芯漏斗也称烧结玻璃漏斗。各种烧结玻璃片的孔隙大小不同，其规格以 1、2、3、4 号表示，1 号玻璃砂芯漏斗的孔隙最大而 4 号最小。可以根据沉淀颗粒大小不同来选用。玻璃砂芯漏斗不能用于碱性溶液的过滤，因为碱会与玻璃作用而使烧结玻璃片的微孔堵塞。

玻璃的砂芯漏斗使用后要用水洗去可溶物，然后在 6 mol/L 硝酸溶液中浸泡一段时间，再用水洗净。不要用硫酸、盐酸或洗涤液去洗涤玻璃砂芯漏斗，否则，可能生成不溶性的硫酸盐和氯化物，而把烧结玻璃片的微孔堵塞。

3) 离心分离

当被分离的溶液和沉淀的混合物的量很少时，在过滤时沉淀会粘在滤纸上而难以取下，这时可以用离心分离代替过滤，操作简单而迅速。离心分离常用电动离心机(见图 1-2-28)。把盛有被分离的溶液和沉淀的离心管放入离心机中的套管内，在其对面套管内放入一盛有与其等质量的水的离心试管，这样可使离心机的臂保持平衡。然后缓慢而均匀地启动离心机，再逐渐加速，待离心机旋转一段时间(称离心沉降时间)后，任离心机自然停止旋转。待离心机完全停止转动后，取出离心管(要小心，切勿触动沉淀)。观察被分离的溶液和沉淀是否分离，如已分离开，则沉淀紧密聚集在离心管底部而澄清溶液在上部。否则，要再把离心管放入离心机中，进行第二次离心分离，直至溶液和沉淀完全分离为止。

离心分离完毕后，取出离心管，再取一支长颈的滴管，先捏紧其橡皮头，然后小心地插入离心管中的溶液层，插入的深度以滴管尖端不接触沉淀为度(见图 1-2-29)。然后慢慢放松捏紧的橡皮头，吸出溶液装入另一离心管中，留下沉淀。当沉淀较为紧密时，也可直接将沉淀上部的澄清溶液倾入另一离心管中(见图 1-2-29)。

图 1-2-28　电动离心机

图 1-2-29　用滴管移去沉淀上的溶液

如需洗涤沉淀，可往沉淀中加入少量洗涤试剂，把沉淀与洗涤试剂充分搅匀后，再进行离心分离，然后分离溶液。重复操作 2～3 遍即可。

离心分离操作应注意如下几点：

(1) 装入离心管中的溶液不能超过离心管总体积的 2/3，离心管和套管的长度与管径应相符合，离心管太长、太大或太小，在离心时易受撞破裂，溶液四溅，污染和损坏离心机。

(2) 装入离心机中套管内的离心管必须对称等重，否则离心机会失去平衡而损坏。

(3) 使用电动离心机，启动离心机，要逐档地加速(开一挡后，要稍等片刻，才能开高一挡)；停止离心，要逐档减速，当调至"0"挡时，还要稍等一下，听离心机内不发出响声时，方可打开离心机盖，取出离心管。电动离心机的转速很快，使用时要特别注意安全。要严防漏电，使用前要检查。用完后要切断电源。

(4) 要经常保持离心机的清洁干燥。

2. 沉淀的烘干和灼烧

1) 坩埚的准备

沉淀的烘干和灼烧是在洁净并预先经过灼烧恒重的坩埚中进行的。因此，先洗净坩埚并晾干，然后将空坩埚(连坩埚盖)放入马福炉(高温电炉)内灼烧至恒重。灼烧空坩埚的温度和时间应与灼烧沉淀的温度和时间相同，而灼烧沉淀的温度和时间是根据沉淀的特性而定的。空坩埚一般灼烧 10～30 min。空坩埚灼烧后，用经过预热的坩埚钳将坩埚移至炉口旁边冷却片刻。再取出坩埚，放在洁净干燥的泥三角(或耐火板)上(用完的坩埚钳应平放耐火板上，钳尖向上)，稍冷后(红热退去，再冷却 1 min 左右)，用坩埚钳夹取坩埚放入干燥器内冷却，一般冷却 30～60 min，待冷却至与天平室内温度相同时进行称量，准确地记录所称得的坩埚的质量，再次将坩埚放入马福炉内按相同条件进行灼烧、冷却、称量，直至恒重(如连续两次称重相差在 0.3 mg 以下，则可忽略质量的变化，才算达到恒重)为止。

注意：在第二次称量时，可先将砝码按第一次所称的称量值放好，然后再放上坩埚称量，这样可加速称量，减小称量误差。恒重后的坩埚应放在干燥器中备用。

2) 沉淀的包裹

经过过滤和洗涤后的沉淀，若是晶形沉淀(一般体积小)，可用顶端细而光滑的清洁玻璃棒将滤纸的三层部分掀起(见图 1-2-30)。紧接着用洗净的手将带沉淀的滤纸锥体一起取出，注意手指不要碰到沉淀，然后用图 1-2-31 所示的折叠包裹方法进行包裹，要包裹得紧些，但不要用手指压沉淀，最后将包裹好沉淀的滤纸放入已恒重的坩埚中，滤纸层数较多的一面朝上，以便炭化和灰化。

若沉淀是胶状(体积一般较大)，不宜按上述包裹方法进行包裹，应在漏斗中进行包裹(见图 1-2-32)。方法是：用洗净的扁头玻璃棒将锥体滤纸四周边缘向中央折叠，使沉淀全部封住。再用玻璃棒把它转移到已恒重的坩埚中，锥体的尖头朝上。

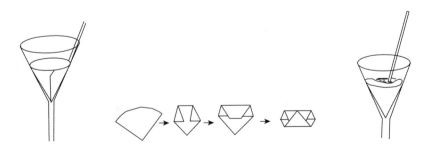

图 1-2-30　从漏斗上取下滤纸和沉淀　　图 1-2-31　晶形沉淀的包裹　　图 1-2-32　胶状沉淀的包裹

3. 沉淀的烘干、灼烧及恒重

1) 沉淀的烘干、滤纸的碳化和灰化

将带有沉淀的坩埚斜放在泥三角上(见图 1-2-33(a))，而坩埚底应放在泥三角的一边上，将坩埚口对着泥三角的顶角，在贴有沉淀的坩埚壁一侧将坩埚盖半盖半掩地倚在坩埚口(见图 1-2-33(b))，这样便于利用反射焰将滤纸和沉淀干燥、将滤纸炭化和灰化。先将火焰放在坩埚盖中心之下，小心用火加热坩埚盖后，热空气流便反射到坩埚内部使水蒸气从上面逸出。待沉淀及滤纸干燥以后，将火焰移至坩埚底部，稍稍增大火焰使滤纸炭化。注意火力不能突然加大，也不要太小，应使火焰尖端刚刚接触坩埚底部。炭化时不能让滤纸着火，如果滤纸着火，应立刻把灯移开，并用坩埚盖把坩埚口盖严，使火焰自动熄灭，切不可吹灭，以免沉淀飞扬散失。坩埚盖盖好以后稍等片刻，再打开盖，继续加热，直至全部灰化为止。在灰化过程中，为了使坩埚壁上的炭完全灰化，应该随时用坩埚钳夹住坩埚并转动之，但注意每次只能转一极小的角度，以免转动过剧时，沉淀飞扬散失。

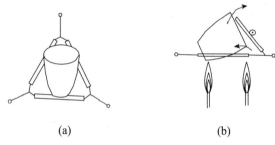

　　　　　(a)　　　　　　　　　　　(b)

图 1-2-33　沉淀的烘干

2) 沉淀的灼烧及恒重

滤纸全部灰化后，立即将带有沉淀的坩埚移入马福炉内，并在与灼烧空坩埚相同的条件下灼烧沉淀。灼烧完全后，先关闭电源，然后打开炉门，用长坩埚钳(要先预热)将坩埚移到炉口旁边冷却片刻，再移到干燥洁净的泥三角(或耐火板)上，冷却至红热消退，再冷却 1 min 左右，将它移入干燥器中继续冷却(一般冷却 30～60 min)，待它与天平室内温度相同时，称量；再次灼烧、冷却、再称量，直至恒重为止。注意在复称时应将砝码按前一次所得的称量值放好，然后再放上坩埚，以加速称量和减小称量误差。带沉淀的坩埚，也是连续两次称量误差在 0.3 mg 以下才算达到了恒重。

七、干燥和干燥剂

固体物质在进行定量分析之前必须使它完全干燥，否则会影响结果的准确性。如果分离出来的沉淀需要干燥，可把沉淀放在表面皿内，在恒温干燥箱中烘干。也可把沉淀放在表面皿或蒸发皿内，用水浴的水蒸气加热，以便把沉淀烤干。

已干燥但又易吸水或需长时间保持干燥的固体，应放在干燥器内。在干燥器内，底部装有干燥剂(常用的有无水氯化钙、硅胶或浓硫酸等)，中部有一个可取出的、带有若干孔洞的圆形瓷板，以承接待干燥的容器(见图 1-2-34)。干燥器口和盖子都带有磨口，磨口上涂有一层很薄的凡士林，这样可以使盖子盖得很严，以防止外界的水蒸气进入干燥器。

图 1-2-34　干燥器

　　打开干燥器盖时，用左手扶住干燥器下部，右手平移盖子，两手做相对运动(见图 1-2-35)。盖子打开后，将其翻过来在桌子上放稳(不要使涂有凡士林的磨口边触及桌面)。放入或取出物体后，需立即将盖子盖好，此时，两只手的手势和动作与打开盖子时相反，然后把盖子沿水平方向推移，使盖子的磨口与干燥器口吻合，并使涂有凡士林的接触面成透明无丝纹为止。

　　搬动干燥器时，必须用两手的大拇指和食指将盖子和干燥器口边按住并拿稳(见图 1-2-36)，以防盖子滑动打碎。

图 1-2-35　打开干燥器盖　　　　　图 1-2-36　移动干燥器

　　温度很高的物体必须冷却至略高于室温后，　方可放入干燥器内，否则，干燥器内空气受热膨胀，可能会将盖子冲开；即使能盖好，也往往因干燥器内空气冷却，使干燥器内气压低于干燥器外的空气压力，致使盖子很难打开。为避免上述情况发生，在将略高于室温的物体放入干燥器后，一定要在短时间内，把干燥器盖子打开一下，以使干燥器内的气压和外界气压相平衡。

　　洗涤过的干燥器要吹干或风干，不可用加热或烘干的方法除去水汽。

　　存放的干燥器常会打不开盖，多因磨口处的凡士林凝固或室温低所致，遇到这种情况可用热毛巾或暖风吹化开启，不要用硬物撬启，以免炸裂，伤害人体。

　　使用干燥器时应注意保持清洁。在物品取出或放入干燥器后，应立即将盖盖好。干燥剂失效后，要及时处理或更换。

　　液体有机物的干燥有两种方法：一种是形成共沸混合物去水；另一种是使用干燥剂去水。下面重点介绍使用干燥剂去水。

1. 干燥剂的选择

　　液体有机物干燥一般是把干燥剂直接放入有机物中，因此干燥剂的选择首先必须考虑到与被干燥的有机物不能发生化学反应，不能溶于该有机物中；其次是要吸水量大、干燥速度快、价格低廉。常用干燥剂的性能与应用范围见表 1-2-1。在干燥含水量较多而又不易干燥的有机物时，常先用吸水量较大的干燥剂干燥，以除去大部分水，然后用干燥性能强的干燥剂除去微量水分，各类有机物常用的干燥剂见表 1-2-2。

表 1-2-1　常用干燥剂的性能与应用范围

干燥剂	吸水作用	吸水容量	干燥效能	干燥速度	应用范围
氯化钙	形成 $CaCl_2 \cdot nH_2O$ $n = 1, 2, 4, 6$	0.97 (按 $CaCl_2 \cdot 6H_2O$ 计)	中等	较快, 但吸水后表面被薄层液体所盖, 故放置时间要长些	能与醇、酚、胺、酰胺及某些醛、酮形成络合物, 因而不能用来干燥这些化合物。工业品中可能含氢氧化钙和碱或氧化钙, 故不能用来干燥酸类
硫酸镁	形成 $MgSO_2 \cdot nH_2O$ $n = 1, 2, 4, 5, 6, 7$	1.05 (按 $MgSO_4 \cdot 7H_2O$ 计)	较弱	较快	中性, 应用范围广, 可代替 $CaCl_2$, 并可用以干燥酯、醛、酮、腈、酰胺等不能用 $CaCl_2$ 干燥的化合物
硫酸钠	$Na_2SO_4 \cdot 10H_2O$	1.25	弱	缓慢	中性, 一般用于有机液体的初步干燥
硫酸钙	$CaSO_4 \cdot H_2O$	0.06	强	快	中性, 常与硫酸镁(钠)配合, 作最后干燥之用
碳酸钾	$K_2CO_3 \cdot 1/2H_2O$	0.2	较弱	慢	弱碱性, 用于干燥醇、酮、酯、胺及杂环等碱性化合物, 不适于酸、酚及其他酸性化合物
氢氧化钾(钠)	溶于水	—	中等	快	强碱性, 用于干燥胺、杂环等碱性化合物, 不能用于干燥醇、酯、醛、酮、酸、酚等
金属钠	$Na + H_2O \rightarrow NaOH + 1/2H_2$	—	强	快	限于干燥醚、烃类中的痕量水分。用时切成小块或压成钠丝
氧化钙	$CaO + H_2O \rightarrow Ca(OH)_2$	—	强	较快	适于干燥低级醇类
五氧化二磷	$P_2O_5 + 3H_2O \rightarrow 2H_3PO_4$	—	强	快, 但吸水后表面为黏浆液覆盖, 操作不便	适于干燥醚、烃、卤代烃、腈等中的痕量水分。不适用于醇、胺、酮等
分子筛	物理吸附	约 0.25	强	快	适用于各类有机化合物的干燥

表 1-2-2　各类有机物常用干燥剂

化合物类型	干燥剂
烃	$CaCl_2$、Na、P_2O_5
卤代烃	$CaCl_2$、$MgSO_4$、Na_2SO_4、P_2O_5
醇	K_2CO_3、$MgSO_4$、CaO、Na_2SO_4
醚	$CaCl_2$、Na、P_2O_5
醛	$MgSO_4$、Na_2SO_4
酮	K_2CO_3、$CaCl_2$、$MgSO_4$、Na_2SO_4
酸、酚	$MgSO_4$、Na_2SO_4
酯	$MgSO_4$、Na_2SO_4、K_2CO_3
胺	KOH、NaOH、K_2CO_3、CaO
硝基化合物	$CaCl_2$、$MgSO_4$、Na_2SO_4

2. 干燥剂的用量

干燥剂的用量可根据干燥剂的吸水量和水在有机物中的溶解度来估计，一般用量都要比理论用量高，同时也要考虑到分子的结构。极性有机物和含亲水性基团的化合物的干燥剂用量稍多。干燥剂的用量也要适当，用量太少干燥不完全；用量过多，则因干燥剂的表面吸附，将造成被干燥有机物的损失。一般用量为 10 mL 液体需 0.5～1 g 干燥剂。

3. 操作方法

干燥前尽量将有机物中的游离水分离净，加入干燥剂后塞住瓶口振荡片刻，静置观察，若发现干燥剂黏结在瓶壁上，应补加干燥剂，放置过程中要不时振荡，干燥时间必须充分，通常在 0.5 h 以上，如果时间允许，最好放置过夜。有些有机物在干燥前呈浑浊，干燥后变为澄清。

干燥剂的颗粒大小要适当，太大则比有机物表面积小，吸水缓慢；颗粒太细，则比有机物表面积大，吸附有机物较多，且难分离。被干燥的液体蒸馏前须将干燥剂滤去，以免受热又释放出吸附的水。

固体有机物干燥的方法有：

(1) 晾干。干燥时，把待干燥的物质放在干燥洁净的表面皿或滤纸上，将其薄薄摊开，上面再用滤纸覆盖，放在空气中晾干。该方法适用于在空气中稳定、不易分解、不吸潮的固体。

(2) 烘干。把待干燥的固体置于表面皿或蒸发皿中，放在水浴上烘干，也可用恒温烘箱或红外灯烘干，但必须注意加热温度一定要低于固体物质的熔点，该方法适用于熔点高且遇热不易分解的固体。

八、密度计的使用

密度计是用来测定液体密度的仪器(见图 1-2-37)。一般密度计可分两类，用于测量密度大于 1 g/mL 的液体的密度计叫重表；用于测量密度小于 1 g/mL 的液体的密度计叫作轻表。

测定密度时，在大量筒(要预先洗净，并用冷风吹干)中注入待测密度的液体，将洁净干燥的密度计慢慢地放入液体中，此计浮起，直到密度计完全稳定在液体中为止。若加入的待测液体还不能使密度计浮起，需继续加入液体直到能读出液体的密度。读数时密度计不能与量筒接触，视线要与弯月面的最低点相切。

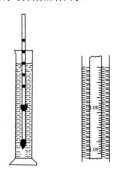

图 1-2-37　液体密度的测定

测量完毕后，用水将密度计冲洗干净，并用布擦干或用滤纸吸干，放回密度计盒中。一般密度计有两行刻度，其中一行是密度(ρ)，另一行是波美度(Be')，二者换算公式为

重表：$\rho = \dfrac{145}{145 - Be'}$　或　$Be' = 145 - \dfrac{145}{\rho}$

轻表：$\rho = \dfrac{145}{145 + Be'}$　或　$Be' = \dfrac{145}{\rho} - 145$

比重是指在 20℃时的空气中，某物质与 4℃时同体积水的质量比值，常用符号 d_{20}^{4} 来表示。值得注意的是，我国已不使用(或推荐使用)比重和波美度这两个物理量。

九、移液管、吸量管、容量瓶和滴定管的使用

1. 移液管和吸量管的使用

移液管和吸量管是用于准确地移取一定体积液体的量器(见图 1-2-38)。

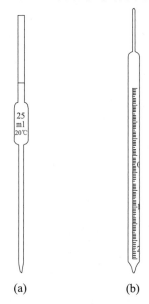

(a)　　　　　　　(b)

图 1-2-38　移液管和吸量管

移液管是一中间膨大(称为球部)的量器(见图 1-2-38(a))。球部以上的管颈上刻有一环形标线，球部处标示其容积(mL)和测量容积时的温度(℃)。常用的移液管有 5 mL，10 mL，20 mL，25 mL，50 mL 和 100 mL 等多种规格。它用于准确移取一定体积(如移取 5 mL，10 mL，20 mL，25 mL……整数体积)的液体。当吸入溶液的弯月面下缘的最低点与标线相切(液面弯面下缘的最低点、标线与视线均应在同一水平面上)后，让溶液自然放出，此时所放的溶液的体积即等于管上标出的体积。在任溶液自然放出时，最后因毛细管作用，总有一小部分溶液留在下管口不能落下，这时不必用外力使之放出，因在核定移液管的容量时，就没有把这一点体积计算在内，移液管可以计量到小数点后第二位(0.01 mL)。

吸量管是刻有分度的内径均匀的直形玻璃管(见图 1-2-38(b))，用以量取不同体积的液体。有一种吸量管的分度一直刻到管口(见图 1-2-38(b))，使用这种吸量管时，必须把所有溶液放出(包括下管口的一点溶液)，总体积才符合标示的数值。也有一种吸量管的分度只刻到距离管口尚差 1～2 cm 处，使用这种吸量管时，只需将管内溶液放至液面落到最末的刻度时即可，不要吹出剩余溶液。用吸量管时，总是使液面由某一分度(通常为最高标线)落到另一分度，使两分度间的体积刚好等于所需体积，因此，很少把溶液直接放到吸量管底部的。

吸量管的分度，有的由上至下分度，也有的由下至上分度。在同一实验中尽可能使用同一吸量管的同一段，而且尽可能使用上面部分，不用末端收缩部分。吸量管的最小分度有 0.1 mL，0.02 mL 以及 0.01 mL 等几种。

移液管和吸量管在使用前应依次用洗涤液、自来水、蒸馏水洗至管内壁不挂水珠呈透明状态。

洗涤方法：在通常情况下，先用试管毛刷蘸取肥皂或洗衣粉液，刷洗移液管和吸量管的外壁，再用自来水将肥皂液冲洗干净。让管的外壁上的水流尽后，用右手的拇指及中指拿住移液管或吸量管的上管颈标线以上部位，使管下端伸入洗涤液中(以管口不触及容器底部为度)。左手握住压扁的洗耳球，其出口与移液管或吸量管上管口相对紧靠一起(不可漏气)，然后逐渐放松洗耳球，将洗涤液慢慢吸入至接近管口时，移开洗耳球，同时迅速用右手食指按住管口(食指只能微潮，但不要湿，以免按不住管口)，稍等片刻，放开右手食指，使移液管或吸量管管口离开液面，洗涤液放回原瓶中，洗涤液流尽后，取出，将管倒过来，使管上端未浸过的部分浸入洗液中，浸泡片刻后，取出液面，又让洗涤液放回原瓶中，待洗涤液流尽后，取出用自来水冲洗内外壁，直到洗净为止。如果移液管和吸量管被污染较严重，需要比较长时间的浸泡在洗涤液中，应在一高标本缸或大量筒的内底上放一层玻璃丝，先加入洗涤液至缸或量筒刻度的 2/3 左右，将移液管和吸量管直立其中(慢慢放到底才能松手)，然后装满洗涤液，浸泡 15 分钟至数小时(浸泡时间依其污染程度决定，但不要浸泡时间过长)后，取出，用自来水冲洗干净。再用蒸馏水淌洗时，可在已洗净的烧杯中加入蒸馏水，将移液管或吸量管下伸入蒸馏水中，用洗耳球将蒸馏水吸入(吸法同前)，直到水已进入移液管球大约五分之一处(吸量管则以充满全部体积的五分之一)，然后迅速用右手食指按住管口，取出后，把管横来(防止水往两头出)，左右两手的大拇指及食指分别拿住移液管或吸量管上下两端，使管一边向上倾斜，旋转而使水布满全管，然后直立，将水放出。重复淌洗 2～3 次即可。用蒸馏水洗净后，将管直立让蒸馏水从管下端口全部流出，还残留在管内和管下端外壁上的蒸馏水，用滤纸吸干，将洗净的移液管或吸量管放在移液管架上。注意防止距管口 3～4 cm 一段管颈接触移液管架。

　　用移液管或吸量管移取溶液前，先将用蒸馏水洗净过的移液管或吸量管用少量被移取的溶液淌洗 2～3 次，以免被移取溶液的浓度发生改变。淌洗方法和溶液的用量与用蒸馏水淌洗方法基本一样。但要注意的是，当移液管或吸量管伸入被移取溶液时，管下端管颈不能伸入太多，以免管外壁粘有溶液过多，或带入杂质；也不应伸入太少，以免液面下降而吸空，使溶液吸入洗耳球中，一般要求管下端伸入液面下约 2 cm 处。当管尖伸入溶液中时，应迅速地用洗耳球缓缓地将溶液往上吸(溶液只准上吸，不准返回溶液中去)。同时，眼睛注视正在上升的液面的位置(见图 1-2-39(a))，移液管或吸量管的一端随液面的下降而下降，以免吸空。每吸取一次后，应使管内外壁上的溶液流尽，把留在管口的少量溶液吹出去，才能再次吸取溶液。

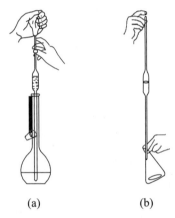

(a)　　　　　　　　(b)

图 1-2-39　移液管吸取液体和放出液体

　　使用移液管移取溶液时，左手握住压扁的洗耳球，右手拇指及中指拿住移液管管颈无刻度处，使管下端伸入溶液液面下约 2 cm 处，用洗耳球缓缓吸入溶液，吸法同前。当溶液上升到标线以上时(不要超过刻度太多)，迅速用右手食指按住管口，右手三指拿住移液管并使其垂直，离开液面，使管微微转动，但食指仍然轻轻按住管口。这时液面缓缓下降，此时视线平视标线直到液面的弯月面下缘最低点与标线相切时，立即停止转动并按紧食指堵死管口，使液体不再流出。取出移液管移入准备接受溶液的容器中，使其出口尖端接触容器内壁，让接受容器倾斜而使移液管直立，抬起食指，使溶液自然地顺壁流下(见图 1-2-39(b))。待溶液全部流尽后，再等约 15 s，取出移液管。留住移液管下尖端管口内的一滴溶液，不可吹下。此时所放出的溶液的体积即等于管上所标示的体积。

　　如果使用吸量管移取溶液，调节液面至与最高刻度标线相切的操作与移液管相同，调好以后，放出溶液，至液面与所需的第二次读数的刻度标线相切时，停止转动并用食指用力按住管口。放溶液的方法也与移液管基本相同，只是食指一直要轻轻按住管口，以免溶液流下过快以致液面落到所需的分度标线时来不及按住。

　　在调节移液管和吸量管的液面时，也可以不用上述转动的方法，而是轻轻抬起食指(但不要完全离开)，使液面缓缓下落至所需的刻度标线。

　　移液管与吸量管用完后，应立即放在移液管架上，如短时期内不用它吸取同一溶液，应立即用自来水洗净，再用蒸馏水洗净，然后放在移液管架上。有时在管的两端套上玻璃管，以防灰尘侵入。

2. 容量瓶的使用

容量瓶是一个细颈梨形平底瓶。瓶塞是带有磨口的玻璃塞，细颈上刻有环形标线，瓶上标有容积(mL)和标定时的温度(一般为 20℃)，如图 1-2-40(a)所示。在指定的温度下(一般为 20℃)当液体充满到标线时，液体体积恰好与瓶上所标的体积相等。容量瓶有 10 mL、25 mL，50 mL，100 mL，250 mL，1000 mL，2000 mL 几种规格，并有白、棕两色，棕色的用来配制见光易分解的试剂溶液。

容量瓶不能加热，磨口瓶塞是配套的，不能互相调换。容量瓶用于配制准确的、一定体积的溶液，也用于标准浓溶液的稀释。

(a) 容量瓶　　　　(b) 溶液从烧杯转入容量瓶　　　　(c) 容量瓶的拿法

图 1-2-40　容量瓶及其使用方法

在使用容量瓶之前，要选择好容量瓶，其一般要求为：

(1) 要选择与所要求配制的溶液体积相一致的容量瓶；

(2) 要选择瓶塞与瓶口相符合，不漏水的容量瓶。

选好容量瓶后，首先仔细检查有无裂痕破损，然后进一步检查瓶口与瓶塞间是否漏水。检查瓶口与瓶塞间是否漏水，可在瓶中放入自来水到标线附近，将瓶塞塞好，左手拿住容量瓶瓶口并用食指按住塞子，右手指尖顶住瓶底边缘，倒立 2 min 左右，观察瓶塞周围是否有水渗出，如果不漏，把瓶直立，转动瓶塞 180° 后，再倒立过来试一次。这样做两次检查是必要的，因为有时瓶塞与瓶口不是在任何位置都是密合的。

容量瓶在使用前要充分洗涤干净，无论用什么方法洗涤，绝对不能用毛刷刷洗内壁。用洗涤液洗涤时，在容量瓶中倒入 10～20 mL 洗涤液(注意瓶中应尽可能没有水)，塞子粘一些洗涤液，塞好瓶塞，翻转瓶子，边转动边向瓶口倾斜，至洗涤液布满全部内壁，放置数分钟，将洗涤液由瓶口慢慢倒回原来装洗涤液的瓶中。倒出时，应该边倒边旋转，使洗涤液在流经瓶颈时，布满全颈。待洗涤液流尽后，用自来水充分冲洗容量瓶的内外壁和塞子，应遵守"少量多次，每次充分振荡以及每次尽量流尽残余的水"的洗涤原则，向外倒水时，顺便将瓶塞冲洗。用自来水冲洗后，再用蒸馏水淌洗 3 次，可根据容量瓶大小决定蒸馏水的用量，一般是每次蒸馏水的用水量约为容量瓶容积的十分之一。洗涤时，盖好瓶塞，充分振荡，洗完后立即将瓶塞塞好，以免灰尘落入或瓶塞被污染。

用容量瓶配制溶液时，如果是由固体配制准确浓度的溶液(称为标准溶液)，一般是将固体物质盛在大小适当的干净烧杯中，往其中加入少量的蒸馏水或适当溶剂使之完全溶解。溶解过程不论放热或吸热，都需待溶液至室温时，才能定量地将溶液转入容量瓶中(见

图 1-2-40(b))。转移时，要将溶液顺玻璃棒加入，玻璃棒下端要靠住瓶颈内壁，使溶液顺内壁流入瓶中。注意玻璃棒下端的位置最好在标线稍低一点的地方，不要高到接近瓶口，玻璃棒稍向瓶中心倾斜，烧杯嘴应靠近瓶口并紧靠玻璃棒，使溶液完全顺玻璃棒流入瓶内，待溶液全部流尽后，将烧杯轻轻向上提(烧杯嘴口仍应紧靠玻璃棒)，同时直立，使附着在玻璃棒与烧杯嘴之间的一滴溶液流入烧杯中或容量瓶内，然后再把玻璃棒放入烧杯中才能把烧杯拿开放在桌上，用洗瓶吹水洗涤烧杯内壁以及接触溶液的玻璃棒部分 3 次，每次用水应尽量少些为宜，每次洗涤的水溶液应无损地转入容量瓶中。然后慢慢加蒸馏水至接近标线稍低 1 cm 左右，等 1～2 min，使粘附在瓶颈内壁的水流下后，再用细而长的滴管加蒸馏水恰至标线，这一过程称为定容。用滴管加水时，视线要平视标线，然后将滴管伸入瓶颈使管口尽量接近液面，稍向旁倾斜，使水顺壁流下，注意液面上升时，滴管应随时提起，勿使溶液接触滴管，直到弯月面下缘最低点与标线相切。塞紧瓶塞，用右手握住瓶颈，食指压住瓶塞。用左手托住瓶底(见图 1-2-40(c))，(如果是容积小于 100 mL 的容量瓶，就不必用左手托住容量瓶瓶底，以免由此造成的温度变化对小体积产生较大的影响)。将容量瓶倒转，使气泡上升到顶，再倒置，充分振荡，如此反复 5 次以上，即可摇匀。

如果由浓的标准溶液稀释，则用移液管或吸量管吸取一定体积的标准溶液，放入容量瓶中，然后加蒸馏水定容(操作方法同前)，即成稀的标准溶液。

不要在容量瓶内长期存放溶液，如溶液准备使用较长时间，应将溶液转入试剂瓶中保存，试剂瓶应预先用该溶液淌洗 2～3 次。容量瓶用完后要及时洗净，检查瓶塞与瓶号是否相符后，在瓶塞与瓶口之间衬以纸条后保存。

3. 滴定管的使用

滴定管有常量与微量滴定管之分，常量滴定管又分为酸式滴定管(见图 1-2-41(a))和碱式滴定管(见图 1-2-41(b))两种，各有白色、棕色之分。

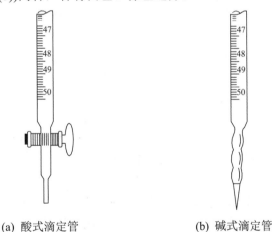

(a) 酸式滴定管　　　　　　　　(b) 碱式滴定管

图 1-2-41　滴定管

酸式滴定管的下端有玻璃活塞开关，用于盛装酸性、氧化性(如 $KMnO_4$ 溶液等)以及盐类的稀溶液，不适用于装碱性溶液。因为碱性溶液会腐蚀玻璃，使活塞不能转动。碱式滴定管的下端连接一段橡胶管，管内中部夹住一个比橡胶管管径稍大的玻璃珠作为开关以控制溶液流出，橡胶管下端接一尖嘴玻璃管，碱式滴定管用于盛装碱性溶液和无氧化性溶液；

棕色滴定管用于盛装见光易分解的溶液。常量滴定管的容积有 20 mL、25 mL、50 mL、100 mL 四种规格。管上刻有容积(mL)和标定容积时的温度(℃)。分度刻线有半刻度和全刻度两种,精度为 0.2～0.1 mL,估计读数 0.02 mL。微量滴定管容积有 1 mL,2 mL,3 mL,5 mL,10 mL 五种规格,刻度精度因规格不同而异,一般可准确到 0.05 mL 以下。滴定管主要用于容量分析,它能准确读取试液用量,操作比较方便。熟练掌握滴定管的操作方法是容量分析的基本功之一。现将滴定管的使用方法叙述如下。

1) 滴定管洗涤

在洗涤前,应检查酸式滴定管的玻璃活塞与塞槽是否符合,活塞转动是否灵活。碱式滴定管的下端所连接的一段橡胶管的粗细、长度是否适当,橡胶管的内管径应稍小于玻璃珠的直径,玻璃珠应圆滑,橡胶管应有弹性,否则难于紧固玻璃珠,操作时易上下移动而影响滴定。滴定管在使用前必须仔细洗涤,当没有明显污物时,可以直接用自来水冲洗,或用滴定管刷蘸肥皂水刷洗(注意滴定管刷的刷毛必须相当软,刷头的铁丝不能露出,也不能向旁边弯曲,以免刷伤内壁),然后再用自来水洗去肥皂水。洗刷后的滴定管,应将其直立,使水流尽,若滴定管的内壁透明且不挂有液滴,表示已洗净。洗净后,滴定管用蒸馏水淌洗三次,每次用蒸馏水 10 mL。每次加入蒸馏水后,边转边向管口倾斜使蒸馏水布满全管,并稍微振荡,将管直立,使水流尽。

用肥皂水洗刷不干净时,可用洗液洗涤。用洗液洗涤酸式滴定管时,洗涤前,活塞必须先关闭,倒入洗液 5～10 mL,一手拿住滴定管上端无刻度部分,一手拿住活塞上部无刻度部分将滴定管平放,边转边向上管口倾斜,使涤液布满全管。立直后打开活塞使洗液从出口处放回原来洗涤液瓶中,当内壁相当脏时,需要洗液充满滴定管(包括活塞下部出口管),浸数分钟以至数小时(根据滴定管沾污的程度)。如果用洗液洗碱式滴定管,可以去掉尖嘴把滴定管倒立浸在装有约 100 mL 洗液的烧杯中,或直接倒立浸在原装有 100 mL 以上洗液的洗液瓶中,滴定管下端的胶皮管(现在向上)连接抽气泵,稍微打开抽气泵,把洗液吸上,直到充满全管,用弹簧夹夹住胶皮管(若不用抽气泵吸气,则可改用橡皮球或洗耳球吸气)。如此放置数分钟至数小时(根据滴定管沾污的程度)后,打开弹簧夹,放出洗液,碱式滴定管下端尖嘴单独用洗液浸洗(注意,洗液应倒回原装瓶中)。取出滴定管先用自来水充分冲洗滴定管内外壁,以洗去洗液。为了使碱式滴定管下端橡胶管内玻璃珠充分洗净,从尖嘴放水时,用拇指与食指用力捏捏橡胶管及玻璃珠四周,并且随放随转,使残余的洗液全部冲洗干净。滴定管装满水再放出时,内壁全部为一层薄水膜,湿润而不挂水珠即可。这个标准使用自来水冲洗时就可达到。滴定管外壁亦应清洁。

在用自来水洗涤后,应检查滴定管是否漏水。检查酸式滴定管时,把玻璃活塞关闭,用水充满至"0"刻度线以上,直立约 2 min,仔细观察有无水滴滴下,有无水从活塞隙缝渗出。然后将活塞转 180°,再如此直立 1～2 min 后观察有无水滴滴下或从活塞缝隙渗出。如果检查碱式滴定管,只需装水直立 2 min 即可。

如果发现漏水或酸式滴定管活塞转动不灵时,把酸式滴定管取下,将活塞涂油;碱式滴定管则需换玻璃珠或橡皮管。活塞涂油时,把滴定管平放在桌面上,先取下活塞上的橡皮圈,再取下活塞(拿在手上、放在干净的表面皿或滤纸上均可),用滤纸把活塞、活塞套、活塞槽内的水吸干,用手指粘少量凡士林擦在活塞两头,沿玻璃塞两端圆周各涂一薄层(见

图 1-2-42(a))，但要避免涂得太多，尤其是在孔的近旁，油层要均匀涂满全圈，要尽可能薄些。涂完以后将活塞一直插入塞套中(不要转着插)，插活塞时孔应与滴定管孔平行(见图 1-2-42(b))。然后向一个方向转动活塞，直到由外面观察时全部都透明为止。如果发现旋转不灵活，或出现纹路，表示涂油太多。遇到这些情况，都必须重新涂油。用小橡皮圈(由橡皮管剪下一小段)套在活塞小头的槽上或用橡皮筋将活塞系在管槽上，注意在套橡皮圈时，应该将滴定管放在桌上，一手顶住活塞大头，一手套橡皮圈或系橡皮筋，以免将活塞顶出。然后再用前面所介绍的方法检查是否漏水。

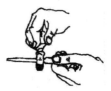

(a) 给活塞涂油　　　　　　(b) 插入旋塞

图 1-2-42　活塞涂油

按前述方法用自来水冲洗干净以后，分别用蒸馏水和标准溶液各洗涤两到三次。用标准溶液涮洗时，用量为 10 mL。每次加入溶液后将滴定管平放，然后边转边向管口倾斜使溶液布满全管，直立以后，打开活塞使溶液从管尖口放出。

在放出时一定尽可能完全放净，然后再洗第二次，以此除去留在内壁及活塞处的蒸馏水，以免加入管内的标准溶液被留在管壁上的蒸馏水冲稀。但要特别注意，在装入标准溶液之前应先将试剂中的标准溶液摇匀，使凝结在试剂瓶内壁的水混入溶液中(这在天气比较热或室温变化较大时更有必要)；混匀后，溶液应从试剂瓶中直接倒进滴定管，而不要经过其他器皿(如烧杯、漏斗、滴管等)。一定要注意，不要使溶液从试剂瓶转移到滴定管的时候，改变它的浓度。

2) 装标准溶液(或滴定用的溶液)

将标准溶液(或滴定用的溶液)装入滴定管时，要预先将试剂瓶中的标准溶液摇匀，使凝结在瓶内壁上的水混入溶液，混匀。用左手三指拿住滴定管上部无刻度处(如果拿住有刻度的地方，会因管子受热膨胀而造成误差)，滴定管可稍微倾斜以便接受溶液；小瓶可以右手握瓶肚(瓶签向手心)拿起来慢慢倒入，大瓶则放在桌上，右手拿瓶颈，使瓶慢慢倾斜。应使溶液慢慢顺内壁流入，直到溶液充满到"0"刻度以上为止。这时，滴定管的出口尖嘴内还没有充满溶液，为了使之完全充满，在使用酸式滴定管时，右手拿住滴定管上无刻度处，滴定管自然垂直，左手迅速打开活塞使溶液流出，从而充满全部出口尖嘴部分。这时出口管不能留有气泡或未充满部分，如有这种情况发生，再迅速打开活塞使溶液冲出。如果这样的办法未能使溶液充满，检查出口管有没有洗干净或凡士林是否污染了出口管。　碱式滴定管充满溶液后，必须将管内气泡赶净。为了完全驱除橡皮管管内及出口管内的气泡，右手拿住滴定管上无刻度处，倾斜 10°～30° 角，左手食指把橡皮管往上弯曲，出口斜向上，用大拇指和中指迅速挤压玻璃珠所在处橡皮管，使溶液从出口管喷出带出气泡(如图 1-2-43 所示)，并边挤橡皮管，边把滴定管慢慢放直。然后将溶液调整至"0"刻度即可使用。

图 1-2-43　驱气法

3) 滴定管读数

读取滴定管容积刻度的数值，称为读数。正确地读数是减少容量分析误差的重要措施。读数时应遵守下列规则：

(1) 常用滴定管的容量为 50 mL。滴定管上端为"0"刻度，下端为"50"刻度，从 0～50 共分 50 个大格。每一大格为 1 mL，小格为 0.1 mL，可估读到 0.01 mL。如 11.45 mL，20.01 mL，0.12 mL 等。

(2) 装好溶液或放出溶液后，必须使附着在内壁上的溶液全流下来以后，方可读数。当放出溶液速度相当慢时(例如滴定到靠近化学计量点，溶液每次只加 1 滴时)，等 0.5～1 min 方可读数。如果放出溶液速度比较快，或者是刚刚装入溶液时，必须等 1～2 min 才能读数。

(3) 对无色或浅色溶液应读液面的弯月面下缘的最低点(见图 1-2-44(a))、溶液颜色太深、实在不能观察弯月面下缘时，可以读液面的弯月两侧最高点(见图 1-2-44(b))。滴定开始前，滴定管内液面的弯月面下缘最低点或弯月面两侧的最高点所处的刻度数称为初读数(初读数最好调至"0"刻度处)，滴定达到终点时，管内液面的弯月面下缘最低点或弯月面两侧最高点所处的刻度数，称为终读数。初读与终读应同一标准。

(4) 为了协助读数，可在滴定管后衬一读数卡。读数卡可用一张黑纸或涂有一黑长方形(3 cm × 1.5 cm)的纸卡。读数时，手持读数卡放在滴定管刻度的背面，使黑色部分在弯月面下 1 mm 左右，即看到弯月面反射成为黑色(见图 1-2-44(c))，读取黑色弯月面下缘的最低点。溶液颜色深而须读两侧最高点的，就可以用白纸卡作为读数卡。若为全刻度滴定管，则以每周刻度线弯月面形成的水平为准，无须使用纸卡。若为蓝带滴定管读数(见图 1-2-44(d))时，对无色溶液读两个弯月面相交于蓝线上的一点为准；对于有色溶液读两个弯月面两侧最高点。

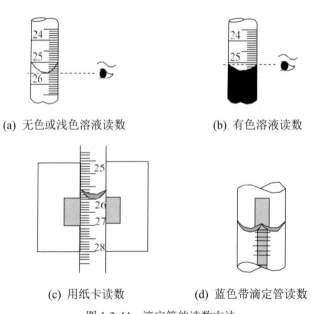

(a) 无色或浅色溶液读数　　　　(b) 有色溶液读数

(c) 用纸卡读数　　　　(d) 蓝色带滴定管读数

图 1-2-44　滴定管的读数方法

(5) 读取的读数应立即记录在实验记录本上。

4) 滴定

在滴定前，把装好标准溶液(或滴定用的溶液)的滴定管夹在滴定管架上。酸式滴定管的活塞柄向右手一边，保持滴定管垂直。然后把滴定管内液面的弯月面下缘的最低点(对无色溶液或浅色溶液)或液面弯月面两侧最高点(颜色深的溶液)调至"0"刻度。

具体方法是：把溶液加入滴定管中至"0"刻度以上(不需超过刻度太多)，然后开启玻璃活塞或挤压玻璃珠处的橡胶管，让多余的溶液慢慢滴出，使管内液面弯月面下缘最低点或两侧最高点落至刻度"0"，稍等 1~2 min，待残留在刻度"0"以上的溶液完全流下，此时液面会略微上升，可再调至"0"刻度，当管内确实已调至"0.00"刻度时，关闭活塞或停止挤压玻璃球。滴定管尖口处不应悬挂液滴，否则可用玻璃棒或烧杯外壁(必须干燥)与出口处接触后除去。读下初读数并记录在实验笔记本上，然后才能开始滴定。滴定时，先用移液管或吸量管吸取一定体积的被滴定的溶液放入锥形瓶或烧杯内，并加入适当指示剂，然后将滴定管伸入锥形瓶或烧杯内(不要伸入太深)，左手三指从滴定管活塞后方向伸出，拇指在前与食指及中指操纵活塞(见图 1-2-45(a))滴定；碱式滴定管的使用如图 1-2-45(b)所示；如果在烧杯内滴定，则右手持玻璃棒不断轻轻搅拌溶液(见图 1-2-45(c))；如果在锥形瓶内滴定，则右手持锥形瓶颈边滴定边摇动(见图 1-2-45(d))。为了便于观察锥形瓶内或烧杯内溶液的颜色，在滴定台上衬以白色纸或白磁板。滴定开始时，一般情况下以每秒 3~4 滴的滴定速度进行滴定，不要全开活塞快速放液。接近化学计量点(实际上是终点)时，滴定速度要慢，一滴一滴地滴加，以至半滴或 1/4 滴的进行滴定，在快到化学计量点时，应该用洗瓶把溅在锥形瓶或烧杯内壁上的溶液吹洗下去(吹洗的蒸馏水不宜多，尽量用少些)，以免引起误差，继续滴定至溶液刚刚变色，即达到滴定终点，此时应立即停止滴定。滴定完毕，稍等 0.5~1 min 后，读取读数，并记录在实验记录本上。再进行第二次、第三次平行滴定。

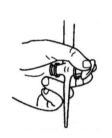 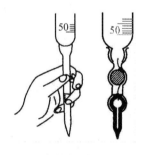

(a) 酸式滴定管的操作　　(b) 碱式滴定管的操作

(c) 在烧杯中滴定　　(d) 在锥形瓶中滴定

图 1-2-45　滴定操作方法

微量滴定管用于精密的滴定，操作方法与常量滴定管相同。

十、有机化学实验中常用玻璃仪器简介和仪器的清洗干燥

使用玻璃仪器皆应轻拿轻放，除了烧杯、烧瓶、试管，其他玻璃仪器都不能直接用火加热。锥形瓶、平底烧瓶不耐压，不能用于减压系统。带活塞的玻璃器皿，用过洗净后，在活塞和磨口间垫上纸片，以防粘住。如已粘住，可在磨口四周涂上润滑油后，用电吹风热风，或用水煮后再轻敲塞子，使之松开。此外，温度计不能作搅拌棒使用，也不能用来测量超过刻度范围的温度，温度计用完后，应缓慢冷却，不能立即用冷水冲洗，以免炸裂或汞柱断线。

有机实验常用的玻璃仪器分为两类，一类为普通玻璃仪器；另一类为标准口仪器，也叫磨口仪器。

1. 普通玻璃仪器

目前大部分普通玻璃仪器都被标准口仪器所取代，但有部分仍有它独特的用途(见图 1-2-46)。

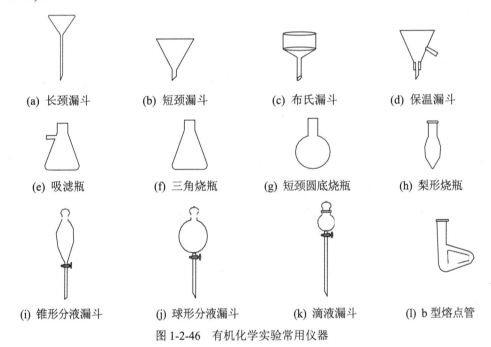

(a) 长颈漏斗　　　(b) 短颈漏斗　　　(c) 布氏漏斗　　　(d) 保温漏斗

(e) 吸滤瓶　　　(f) 三角烧瓶　　　(g) 短颈圆底烧瓶　　　(h) 梨形烧瓶

(i) 锥形分液漏斗　　(j) 球形分液漏斗　　(k) 滴液漏斗　　(l) b 型熔点管

图 1-2-46　有机化学实验常用仪器

2. 标准口玻璃仪器

标准口玻璃仪器是具有标准磨口或标准磨塞的玻璃仪器，这类仪器具有标准、通用、系列的特点。

标准磨口玻璃仪器均按国际通用技术标准制造，常用的标准口规格为 10，12，14，16，19，24，29，34，40 等，这里的编号是指磨口最大端的直径数(mm)，相同编号的内外磨口可以紧密相接，也有用两个数字表示磨口大小的，例如"10/30"，则表示此磨口最大直径为 10 mm，磨口长度为 30 mm。几种常见的标准口玻璃仪器如图 1-2-47 所示。

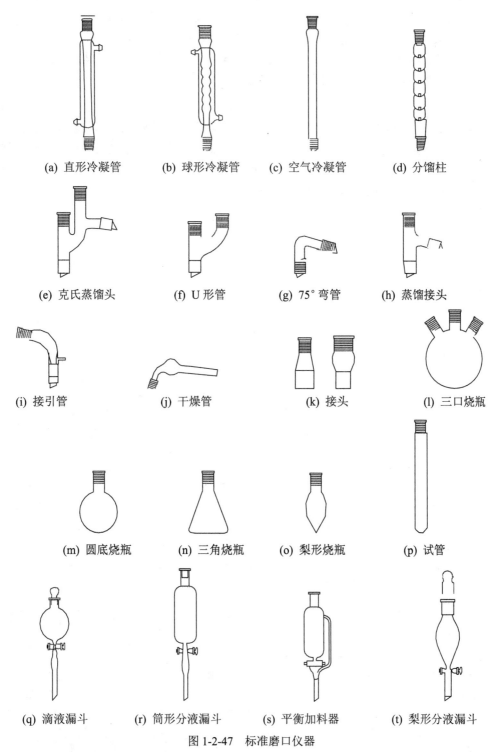

图 1-2-47 标准磨口仪器

使用标准口玻璃仪器应注意以下事项:

(1) 磨口处必须洁净,若沾有固体杂物,能导致磨口处漏气,同时会损坏磨口。

(2) 使用磨口仪器时，一般不需涂润滑剂以免污染产物，但在反应中若有强碱性物质时，则要涂润滑剂以防黏结，减压蒸馏时也要涂一些真空脂类的润滑密封剂。

(3) 安装时，磨口连接处应呈一直线而不受应力，以免造成仪器的破损。

(4) 磨口仪器用毕，应立即拆开洗净，以防磨口长期连接使磨口黏结而难以拆开，洗净后在磨口与玻璃活塞之间要垫纸片，以防黏结。

3. 清洗仪器和干燥

清洗仪器的一般方法是把仪器和毛刷淋湿，蘸取肥皂水或洗涤剂，刷洗仪器内外壁，除去污物后，用清水洗涤干净即可。仪器的干燥最简单的方法是把仪器倒置，使水自然流下晾干即可；也可将仪器放入烘箱烘干；也可倒尽仪器中的存水后，用少量95%乙醇或丙酮荡涤，溶剂倒入回收瓶中后，在电吹风气流烘干器上烘干。

下篇 化学实验

实验 1　解离平衡、沉淀平衡与盐类水解

一、目的要求

(1) 通过实验进一步理解电解质解离的特点，巩固 pH 值概念，了解影响平衡移动的因素。

(2) 学习缓冲溶液的配制并试验其性质。

(3) 观察盐类的水解作用及影响水解过程的主要因素。

(4) 了解沉淀的生成和溶解的条件。

二、实验原理

1. 弱电解质的解离平衡及其平衡的移动

酸碱解离平衡是质子传递的过程。例如弱酸在水中的解离平衡为

$$HA + H_2O \rightleftharpoons A^- + H_3O^+$$

在弱电解质溶液中，加入含有共同离子的强电解质，可使弱电解质的解离平衡发生移动，使其解离度降低，这种效应叫同离子效应。

弱酸及其共轭碱(例如 HAc 和 NaAc)或弱碱及其共轭酸(例如 $NH_3 \cdot H_2O$ 和 NH_4Cl)所组成的溶液，在加入少量强酸、强碱，或者加水稀释后，可以维持 pH 值基本不变，通常把这种溶液称为缓冲溶液。

2. 盐类的水解及其平衡的移动

盐类在水中大多完全解离，有些解离出的离子能和水解离出的 H^+ 或 OH^- 结合生成弱电解质，这一过程称为盐类的水解。盐类的水解往往使溶液显碱性或酸性，如：

$$Ac^- + H_2O \rightleftharpoons HAc + OH^-$$

$$NH_4^+ + H_2O \rightleftharpoons H_3O^+ + NH_3$$

这正是盐的水溶液发生 pH 值改变的原因。

有些盐水解后既能改变溶液的 pH 值又能产生沉淀或气体，如：

$$Bi^{3+} + Cl^- + H_2O \rightleftharpoons BiOCl\downarrow + 2H^+$$

改变浓度及温度等外界条件，可使这类解离平衡发生移动。

3. 难溶电解质的沉淀溶解平衡及其平衡的移动

溶度积($K_{sp}^{\ominus}$)是在一定温度下难溶电解质饱和溶液中离子浓度的乘积，是多相离子平衡

的平衡常数。离子积是任意情况下离子浓度的乘积。用溶度积原理，可以判断沉淀的生成和溶解。加入适当过量的沉淀剂，可使沉淀更完全；利用加酸、加氧化剂和配位剂可使沉淀溶解。沉淀在一定条件下也可以转化成另一种沉淀，实现沉淀的转化。

三、主要仪器与试剂

(1) 仪器：试管、试管架、试管夹、量筒(10 mL)、烧杯、药匙、玻璃棒、离心机。

(2) 试剂：HCl(0.1 mol·L^{-1}，0.2 mol·L^{-1}，2 mol·L^{-1}，6 mol·L^{-1})、NH$_4$Cl(s)、HAc(0.001 mol·L^{-1}，0.1 mol·L^{-1}，0.2 mol·L^{-1}，2 mol·L^{-1})、NH$_4$Ac(0.1 mol·L^{-1})、NaOH(0.1 mol·L^{-1}，0.2 mol·L^{-1})、NaAc(0.1 mol·L^{-1}，0.2 mol·L^{-1})、NaAc(s)、NH$_3$·H$_2$O(0.1 mol·L^{-1}，2 mol·L^{-1})、NH$_4$Cl(0.1 mol·L^{-1}，饱和)、AgNO$_3$(0.1 mol·L^{-1})、NaCl(0.1 mol·L^{-1})、FeCl$_3$(0.1 mol·L^{-1})、Na$_2$S(0.1 mol·L^{-1})、K$_2$CrO$_4$(0.1 mol·L^{-1})、SbCl$_3$(0.5 mol·L^{-1})、CaCl$_2$(0.1 mol·L^{-1})、MgCl$_2$(0.1 mol·L^{-1})、(NH$_4$)$_2$C$_2$O$_4$(饱和)、蒸馏水、甲基橙、酚酞、pH 试纸。

四、实验内容

1. 比较 HCl 与 HAc 的酸性

(1) 在 2 支试管中分别加入 1 mL HCl(0.1 mol·L^{-1})溶液和 HAc(0.1 mol·L^{-1})溶液，再各加入 1 滴甲基橙指示剂，观察溶液的颜色。

(2) 在 2 片 pH 试纸上分别加入 1 滴 HCl(0.1 mol·L^{-1})溶液和 HAc(0.1 mol·L^{-1})溶液，观察 pH 试纸的颜色并判断 pH 值。

(3) 在 2 支试管中各加入 2 mL HCl(0.1 mol·L^{-1})溶液和 HAc(0.1 mol·L^{-1})溶液，再加 1 片锌片并加热试管，观察反应有什么现象。

所得实验数据填入表 2-1-1。

表 2-1-1 HCl 与 HAc 的酸性比较

	甲基橙	pH 试纸	加锌片并加热
HCl(0.1 mol·L^{-1})			
HAc(0.1 mol·L^{-1})			

由实验结果比较二者酸性有何不同？为什么？试将所测得的 pH 值与 HCl (0.1 mol·L^{-1})溶液和 HAc(0.1 mol·L^{-1})溶液 pH 值的计算值做一比较。

2. 用 pH 试纸或指示剂测定下列溶液的 pH 值，并与计算值相比较

溶液为 NaOH(0.1 mol·L^{-1})，NH$_3$·H$_2$O(0.1 mol·L^{-1})，蒸馏水，HAc(0.001 mol·L^{-1})，把上列溶液按测得的 pH 值由小到大的顺序排列，并与计算值相比较。

3. 同离子效应

(1) 取 2 mL HAc(0.1 mol·L^{-1})溶液，加入 1 滴甲基橙指示剂，观察溶液的颜色，然后加入少量固体 NaAc，观察颜色有何变化？为什么？

计算 HAc(0.1 mol·L^{-1})和 NaAc(0.1 mol·L^{-1})的混合溶液的 pH 值是多少？与纯 HAc

$(0.1 \text{ mol} \cdot \text{L}^{-1})$溶液的 pH 值比较,pH 值改变多少?为什么?

(2) 取 2 mL $NH_3 \cdot H_2O(0.1 \text{ mol} \cdot \text{L}^{-1})$溶液,加 1 滴酚酞指示剂,观察溶液的颜色,再加入少量固体 NH_4Cl,观察颜色有何变化?为什么?

计算 $NH_3 \cdot H_2O(0.1 \text{ mol} \cdot \text{L}^{-1})$和 $NH_4Cl(0.1 \text{ mol} \cdot \text{L}^{-1})$的混合液的 pH 是多少?与 $NH_3 \cdot H_2O$ $(0.1 \text{ mol} \cdot \text{L}^{-1})$溶液的 pH 值比较,改变多少?为什么?

4. 缓冲溶液的性质

(1) 在一试管中加入 5 mL $HAc(0.2 \text{ mol} \cdot \text{L}^{-1})$和 5 mL $NaAc(0.2 \text{ mol} \cdot \text{L}^{-1})$溶液,摇匀后,用 pH 试纸测量该溶液的 pH 值,将溶液分成两份,一份加入 1 滴 $HCl(0.2 \text{ mol} \cdot \text{L}^{-1})$溶液,另一份加入 1 滴 $NaOH(0.2 \text{ mol} \cdot \text{L}^{-1})$溶液,分别测其 pH 值,由此得出什么结论?

(2) 欲配制 pH = 4.1 的缓冲溶液 10 mL,实验室现有 $HAc(0.2 \text{ mol} \cdot \text{L}^{-1})$和 $NaAc$ $(0.2 \text{ mol} \cdot \text{L}^{-1})$溶液,应该怎样配制?先计算,再按计算结果配制,并用精密 pH 试纸测量是否符合要求。

5. 盐类的水解

(1) 用 pH 试纸测试下列溶液的 pH 值(浓度均为 $0.1 \text{ mol} \cdot \text{L}^{-1}$):

$$NaCl \quad NH_4Cl \quad Na_2S \quad FeCl_3 \quad NH_4Ac$$

(2) 水解作用的可逆性。

在一干燥试管中加入 5 滴 $SbCl_3(0.5 \text{ mol} \cdot \text{L}^{-1})$溶液,逐滴加入蒸馏水,观察有无沉淀生成?再逐滴加 $HCl(6 \text{ mol} \cdot \text{L}^{-1})$溶液,摇晃试管,至沉淀消失。再加水稀释,观察是否再有沉淀生成?用平衡理论解释上述现象,并写出反应方程式。

6. 沉淀的生成和溶解

(1) 在 2 支试管中加入约 0.5 mL 饱和$(NH_4)_2C_2O_4$溶液和 0.5 mL $CaCl_2(0.1 \text{ mol} \cdot \text{L}^{-1})$溶液,观察 CaC_2O_4 白色沉淀的生成。然后在其中一试管中加入 $HCl(2 \text{ mol} \cdot \text{L}^{-1})$溶液约 2 mL,搅拌观察沉淀是否溶解;在另一试管中加入 $HAc(2 \text{ mol} \cdot \text{L}^{-1})$溶液约 2 mL,沉淀是否溶解?加以解释。

(2) 在两支试管中分别加入 1 mL $MgCl_2(0.1 \text{ mol} \cdot \text{L}^{-1})$溶液,并逐滴加入 $NH_3 \cdot H_2O$ $(2 \text{ mol} \cdot \text{L}^{-1})$至有白色 $Mg(OH)_2$ 沉淀生成,然后在第一支试管中滴加 $HCl(2 \text{ mol} \cdot \text{L}^{-1})$溶液,沉淀是否溶解?在第二支试管中滴加饱和 NH_4Cl 溶液,沉淀是否溶解?试讨论加入 HCl 和 NH_4Cl 溶液对 $Mg(OH)_2$ 的溶解平衡有何影响?其解离平衡如下:

$$Mg(OH)_2 \rightleftharpoons Mg^{2+} + 2OH^-$$

7. 沉淀的转化

取一支离心管,加入 3 滴 $AgNO_3(0.1 \text{ mol} \cdot \text{L}^{-1})$溶液,再加入 3 滴 $K_2CrO_4(0.1 \text{ mol} \cdot \text{L}^{-1})$溶液,观察砖红色 Ag_2CrO_4 沉淀生成。沉淀经离心、洗涤,然后加入 $NaCl(0.1 \text{ mol} \cdot \text{L}^{-1})$溶液,观察砖红色沉淀转化为白色 AgCl 沉淀。写出反应方程式并加以解释。

五、思考题

(1) 为什么 H_3PO_4 溶液呈酸性,NaH_2PO_4 溶液呈微酸性,Na_2HPO_4 溶液呈微碱性,

Na$_3$PO$_4$溶液呈碱性？

(2) 将 10 mL HAc(0.2 mol·L^{-1})溶液和 10 mL NaOH(0.1 mol·L^{-1})溶液混合，问所得溶液是否具有缓冲能力？

(3) 将 10 mL NaAc(0.2 mol·L^{-1})溶液和 10 mL HCl(0.2 mol·L^{-1})溶液混合，问所得的溶液是否具有缓冲能力？

(4) 如何配制 FeCl$_3$、SbCl$_3$ 的水溶液？

(5) 利用平衡移动原理，判断下列物质是否可用 HNO$_3$ 溶解：

MgCO$_3$　Ag$_3$PO$_4$　AgCl　CaC$_2$O$_4$　BaSO$_4$

附：性质实验的实验报告示例

专业_____　班级_____　姓名_____　日期_____

实验(　　)_____

一、目的要求

二、实验原理(简要地用文字和化学反应式进行说明)

三、实验内容(以表格形式填写)

实验内容	主要现象	反应方程式	结论

四、讨论

解答实验教材上的思考题和对实验中的现象进行讨论和分析，应尽可能地结合所学过的化学知识及相关理论，以提高自己分析问题、解决问题的能力。

实验2　氧化还原与电化学

一、目的要求

(1) 试验并了解电极电势、介质和反应物浓度对氧化还原反应的影响。

(2) 定性观察氧化型或还原型浓度的变化对电极电势的影响。

(3) 试验并了解电解反应。

(4) 应用电极电势判断氧化剂、还原剂的相对强弱及氧化还原反应的方向。

二、实验原理

氧化还原过程是有电子转移的过程。在反应中，得到电子的物质为氧化剂，失去电子的物质为还原剂。氧化剂和还原剂的能力大小即氧化、还原能力的大小，可根据它们的氧化型和还原型物质所组成电对的电极电势的相对大小来衡量。电极电势数值较大的电对，其氧化型物质是较强的氧化剂；电极电势数值较小的电对，其还原型物质是较强的还原剂。氧化还原反应是由较强的氧化剂和较强的还原剂反应生成较弱的还原剂和较弱的氧化剂。因此，根据电极电势的大小可以判断氧化还原反应进行的方向。

借助氧化还原反应而产生电流的装置称为原电池。在一定条件下，原电池的电动势等于两个电极的电极电势之差：

$$E_{电池} = E_{正极} - E_{负极}$$

根据能斯特方程：

$$a\,氧化型 + ne \rightleftharpoons b\,还原型$$

$$E = E^{\ominus} + \frac{0.059}{n} \lg \frac{[氧化型]^a}{[还原型]^b}$$

可知，当氧化型或还原型的浓度、酸度改变时，其电极电势必定发生改变，从而引起电动势的变化。

浓度和酸度对电极电势的影响，不仅能导致氧化还原反应方向的改变，还能影响氧化还原反应的产物。

三、主要仪器与试剂

(1) 仪器：试管、试管架、表面皿、烧杯、盐桥、伏特计。

(2) 试剂：KI($0.1\ mol \cdot L^{-1}$)、$FeCl_3$($0.1\ mol \cdot L^{-1}$)、CCl_4、KBr($0.1\ mol \cdot L^{-1}$)、$FeSO_4$ ($0.1\ mol \cdot L^{-1}$)、H_2SO_4($3\ mol \cdot L^{-1}$)、HAc($6\ mol \cdot L^{-1}$)、HNO_3(浓，$2\ mol \cdot L^{-1}$)、锌粒、$KMnO_4$ ($0.01\ mol \cdot L^{-1}$)、HNO_3($2\ mol \cdot L^{-1}$)、NaOH($6\ mol \cdot L^{-1}$)、$CuSO_4$($0.5\ mol \cdot L^{-1}$)、

$ZnSO_4(0.5 \text{ mol} \cdot L^{-1})$、铜片、锌片、酚酞、pH 试纸。

四、实验内容

1. 电极电势与氧化还原反应的关系

(1) 将 0.5 mL KI($0.1 \text{ mol} \cdot L^{-1}$)溶液和 2 滴 $FeCl_3$($0.1 \text{ mol} \cdot L^{-1}$)溶液在试管中混匀后，加入 3 滴 CCl_4 溶液。充分振荡，观察 CCl_4 层的颜色有何变化。

(2) 用 KBr($0.1 \text{ mol} \cdot L^{-1}$)溶液代替 KI($0.1 \text{ mol} \cdot L^{-1}$)溶液，进行同样的实验和观察($I_2$ 溶于 CCl_4 中，溶液呈紫红色。Br_2 溶于 CCl_4 中，溶液显棕色)。

根据以上两个实验的结果，定性地比较 Br_2/Br^-、I_2/I^-、Fe^{3+}/Fe^{2+} 三个电对电极电势的相对高低(或代数值的相对大小)，并指出哪个电对的氧化型是最强的氧化剂，哪个电对的还原型是最强的还原剂。

(3) 分别用碘水和溴水同 $FeSO_4$($0.1 \text{ mol} \cdot L^{-1}$)溶液作用，观察现象。

根据以上四个实验的结果和上面比较得出的三个电对电极电势的相对大小，说明电极电势与氧化还原反应方向的关系。

2. 酸度对氧化还原反应速率的影响

在两个各盛 0.5 mL KBr($0.1 \text{ mol} \cdot L^{-1}$)溶液的试管中，分别加入 0.5 mL H_2SO_4($3 \text{ mol} \cdot L^{-1}$)溶液和 HAc($6 \text{ mol} \cdot L^{-1}$)溶液，然后往两个试管中各加入 2 滴 $KMnO_4$($0.01 \text{ mol} \cdot L^{-1}$)溶液。观察并比较两个试管中紫色溶液褪色的快慢。写出反应式，并加以解释。

3. 浓度对氧化还原反应速率的影响

(1) 往两个各盛着一粒锌粒的试管中，分别加入 0.5 mL 浓 HNO_3 和 HNO_3($2 \text{ mol} \cdot L^{-1}$)溶液。观察所发生的现象。它们的反应速率有何不同？它们的反应产物有无不同？浓 HNO_3 被还原后的主要产物可通过观察气体产物的颜色来判断。稀 HNO_3 的还原产物可用检验溶液中是否有 NH_4^+ 生成的办法来确定。

检验 NH_4^+ 的方法：在一块干燥的表面皿中心粘附一小条潮湿的 pH 试纸，将 5 滴被检液置于另一干燥表面皿的中心，再加 3 滴 NaOH($6 \text{ mol} \cdot L^{-1}$)溶液，立即将粘有 pH 试纸的表面皿盖在它上面做成气室。将此气室放在水浴上微热两分钟。若 pH 试纸变蓝(pH>10)，则表示被检液中有 NH_4^+ 存在。

(2) 在 100 mL 小烧杯中加入 30 mL $CuSO_4$($0.5 \text{ mol} \cdot L^{-1}$)溶液，在另一 100 mL 小烧杯中加入 30 mL $ZnSO_4$($0.5 \text{ mol} \cdot L^{-1}$)溶液，然后，在 $CuSO_4$ 溶液内放一铜片，在 $ZnSO_4$ 溶液内放一锌片，用一个盐桥将两个烧杯连接起来，组成一个原电池，如图 2-2-1 所示。将锌片与铜片通过导线分别与伏特计的负极和正极相接，测量两极之间的电位差(电池电动势)。

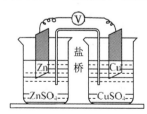

图 2-2-1 原电池

在 $CuSO_4$ 溶液中滴加浓氨水至生成的沉淀刚好溶解为止，形成了深蓝色的溶液。反应如下：

$$Cu^{2+} + 4NH_3 \rightleftharpoons [Cu(NH_3)_4]^{2+}$$

观察该过程中原电池电动势的变化。

再在 $ZnSO_4$ 溶液中加浓氨水至生成的沉淀刚好溶解为止，即：

$$Zn^{2+} + 4NH_3 \rightleftharpoons [Zn(NH_3)_4]^{2+}$$

观察该过程中原电池电动势的变化。

上面的实验结果，说明了什么问题？试回答之。

4. 电解

利用原电池产生的电流，电解 Na_2SO_4 溶液。取三只 100 mL 小烧杯，往一只小烧杯中加入 50 mL $ZnSO_4$(0.5 mol·L^{-1})溶液，在其中插入锌片；往另一只小烧杯中加入 50 mL $CuSO_4$(0.5 mol·L^{-1})溶液，在其中插入铜片，两个烧杯用盐桥连接组成原电池。在另一烧杯中加 50 mL Na_2SO_4(0.5 mol·L^{-1})溶液，并加入三滴酚酞，插入两片铜片。

如图 2-2-2 所示把线路连接好，装有 Na_2SO_4 溶液并插入两片铜片的烧杯即为电解池。观察电解池中两铜片周围有何现象发生？试写出两极上发生的反应，并解释之。

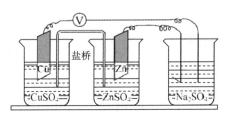

图 2-2-2　电解硫酸钠溶液的装置

五、思考题

(1) 把锌片加入含有相同浓度的铜离子和铅离子的混合溶液中时，哪种金属先析出？

(2) 电解 Na_2SO_4 溶液时，为什么得不到金属钠？

(3) 原电池的正极同电解池的阳极，以及原电池的负极同电解池的阴极，其电极反应的本质是否相同？

(4) 通过本次实验，你能归纳出哪些因素会影响电极电势？怎样影响？

(5) 氧化还原反应进行的方向如何判断？其影响因素又有哪些？

实验 3 配 位 化 合 物

一、目的要求

(1) 了解配位化合物的形成及解离。
(2) 加深对配位化合物解离平衡及其平衡移动的理解。
(3) 了解配离子与简单离子，配盐与复盐的区别。
(4) 了解螯合物的形成和应用。
(5) 学会正确使用离心机，掌握离心分离操作。

二、实验原理

由中心离子(或原子)和一定数目的中性分子或阴离子通过形成配位共价键相结合而成的复杂结构单元称为配合单元，由配合单元组成的化合物称为配位化合物，简称配合物。在配合物中，中心离子已体现不出其游离存在时的性质。而在简单化合物或复盐的溶液中，各种离子都能体现出游离离子的性质。由此，可以区分出有没有配合物生成。

配合物在水溶液中存在配位平衡，配合物的稳定性可用平衡常数 $K_{稳}^{\ominus}$ 来衡量，如：

$$Cu^{2+} + 4NH_3 \rightleftharpoons [Cu(NH_3)_4]^{2+}$$

$$K_{稳}^{\ominus} = \frac{c\left(\left[Cu\left(NH_3\right)_4^{2+}\right]\right)}{c\left(Cu^{2+}\right)c\left(NH_3\right)^4}$$

根据化学平衡移动的原理可知，增加配体或金属离子浓度有利于配合物的形成，而降低配体或金属离子的浓度则有利于配合物的解离。因此，当有弱酸或弱碱作为配体时，溶液酸碱性的改变会导致配合物的解离。若加入沉淀剂能与中心离子形成沉淀反应，则会减少中心离子的浓度，使配位平衡朝解离的方向移动，最终导致配合物的解离。若另加入一种配体，能与已沉淀的中心离子形成稳定性更好的配合物，则有可能使沉淀溶解。总之，配位平衡与沉淀平衡的关系是朝着生成更难解离或更难溶解的物质的方向移动。

中心离子与多基配体反应可生成具有环状结构、稳定性很好的螯合物。很多金属离子的螯合物具有特征的颜色，且难溶于水而易溶于有机溶剂，因此常用来作为金属离子的鉴定反应。如 Ni^{2+} 与丁二酮肟在弱碱性条件下反应，生成玫瑰红色螯合物。

三、主要仪器与试剂

(1) 仪器：试管、试管架、离心管、离心机、烧杯、酒精灯。

(2) 试剂：$CuSO_4$(0.1 mol·L^{-1})、NH_3·H_2O(2 mol·L^{-1})、KI(0.1 mol·L^{-1})、95%乙醇、$Hg(NO_3)_2$(0.1 mol·L^{-1})、$BaCl_2$(1 mol·L^{-1})、NaOH(1 mol·L^{-1})、Na_2S(0.5 mol·L^{-1})、$FeCl_3$(0.1 mol·L^{-1})、KSCN(0.1 mol·L^{-1})、NaF(0.1 mol·L^{-1})、NaCl(0.1 mol·L^{-1})、$AgNO_3$(0.1 mol·L^{-1})、KBr(0.1 mol·L^{-1})、KI(0.1 mol·L^{-1})、$Na_2S_2O_3$(0.5 mol·L^{-1})、$K_3[Fe(CN)_6]$(0.1 mol·L^{-1})、KSCN(0.1 mol·L^{-1})、$NH_4Fe(SO_4)_2$(0.1 mol·L^{-1})、EDTA(0.05 mol·L^{-1})、$NiCl_2$(0.1 mol·L^{-1})、1%丁二酮肟。

四、实验内容

1. 配位化合物的制备

1) 含配阳离子的配位化合物

在一支试管中加入约 1 mL $CuSO_4$(0.1 mol·L^{-1})溶液，再逐滴加入 2 mol·$L^{-1}$$NH_3$·$H_2O$溶液，边加边摇动试管，观察浅蓝色的 $Cu_2(OH)_2SO_4$ 沉淀的生成。继续逐滴加入 NH_3·H_2O(2 mol·L^{-1})溶液，充分摇匀，至沉淀恰好溶解为止。然后加入约 2 mL 95%乙醇(以降低此配位化合物在溶液中的溶解度)，振荡试管，观察现象。待沉淀沉降，离心分离，弃去母液，所得晶体为硫酸四氨合铜。沉淀用约 2 mL NH_3·H_2O(2 mol·L^{-1})溶液溶解，保留此溶液供下面实验用。

2) 含配阴离子的配位化合物

在一支试管中加入 2 滴 $Hg(NO_3)_2$(0.1 mol·L^{-1})溶液，再逐滴加入 KI(0.1 mol·L^{-1})溶液至沉淀溶解为止。注意最初有 HgI_2 沉淀生成，后来变为配位化合物$[HgI_4]^{2-}$ 而溶解。写出反应方程式。

2. 配离子的解离平衡及其移动

1) 配离子的解离

将上面所得$[Cu(NH_3)_4]SO_4$ 溶液分盛于 3 支试管中，进行下述实验：

(1) 在 A 管中加入 $BaCl_2$(1 mol·L^{-1})溶液 2 滴，有无沉淀生成(沉淀是什么)，溶液的颜色有无变化？实验结果说明了什么？

(2) 在 B 试管中加入 NaOH(1 mol·L^{-1})溶液 2 滴，有无 $Cu(OH)_2$沉淀生成？溶液的颜色有无变化？实验结果说明了什么？

(3) 在 C 试管中逐滴加入 Na_2S(0.5 mol·L^{-1})溶液，有无沉淀生成？溶液的颜色有无变化？实验结果说明了什么？

取 3 支试管，用 $CuSO_4$ 溶液代替$[Cu(NH_3)_4]SO_4$ 溶液进行以上实验，观察现象并解释之；将实验结果与$[Cu(NH_3)_4]SO_4$ 溶液的实验结果相比较，有哪些不同？

2) 配离子的转化

在一支试管中加 2 滴 $FeCl_3$(0.1 mol·L^{-1})溶液，加水稀释至无色，加 1～2 滴 KSCN(0.1 mol·L^{-1})溶液，观察溶液颜色(这是检查 Fe^{3+} 的灵敏方法)。再逐滴加入 NaF(0.1 mol·L^{-1})

溶液，有何现象？并解释之。

3) 配离子稳定性的比较

取一支离心管，加入 5 滴 NaCl(0.1 mol·L^{-1})溶液和等量的 AgNO$_3$(0.1 mol·L^{-1})溶液，有白色沉淀生成。用离心分离法分离沉淀和溶液，用倾泻法弃去上层清液，并用少量蒸馏水洗涤沉淀，离心分离，弃去上层清液。往沉淀中加入 NH$_3$·H$_2$O(2 mol·L^{-1})至沉淀刚好溶解。然后加 1 滴 NaCl(0.1 mol·L^{-1})溶液，有无沉淀生成？再加入 1 滴 KBr(0.1 mol·L^{-1})溶液，有无 AgBr 沉淀生成？继续加 KBr 溶液至不再生成沉淀，离心分离，弃去上层清液，沉淀洗涤后，再次离心分离弃去上层清液，再逐滴加入 Na$_2$S$_2$O$_3$(0.5 mol·L^{-1})溶液，至沉淀刚好溶解，然后加入 1 滴 KBr(0.1 mol·L^{-1})溶液，观察有无 AgBr 沉淀生成。再加 KI (0.1 mol·L^{-1})溶液，观察有无 AgI 沉淀生成。解释实验现象。

3. 配离子与简单离子、配盐与复盐的区别

(1) 取 5 滴 K$_3$[Fe(CN)$_6$](0.1 mol·L^{-1})溶液于试管中，加入 2 滴 KSCN(0.1 mol·L^{-1})溶液，观察现象，并与上述 FeCl$_3$ 加 KSCN 的试验比较，说明两者结果不同的原因。

(2) 取三支试管各滴入 5 滴 NH$_4$Fe(SO$_4$)$_2$(0.1 mol·L^{-1})溶液，分别检查溶液中含有的 NH$_4^+$、Fe^{3+} 和 SO$_4^{2-}$ (自己设计方法)。比较上面的实验(1)和本实验的结果，说明配盐和复盐的区别。

4. 螯合物的形成和应用

(1) 取一只 100 mL 烧杯，加入约 1/3 自来水，用酒精灯加热煮沸约五分钟，仔细观察烧杯壁及水中有无悬浮 CaCO$_3$ 固体颗粒；另取一烧杯，内盛自来水，并滴加 EDTA (0.05 mol·L^{-1})溶液 10~15 滴，然后煮沸 5 分钟，有无悬浮体生成？解释之。在第一只烧杯中再加入 10~15 滴 EDTA 溶液，稍加振荡，观察现象。(EDTA 是有机化合物乙二胺四乙酸的二钠盐，可用简式 Na$_2$H$_2$Y·2H$_2$O 表示之。它能与许多金属离子形成螯合物。)

(2) 在试管中加入 3 滴 NiCl$_2$(0.1 mol·L^{-1})溶液及约 1 mL 蒸馏水，再加入 5 滴 NH$_3$·H$_2$O (2 mol·L^{-1})溶液，使其呈碱性。然后加入 2~3 滴 1%丁二酮肟溶液，观察 Ni^{2+} 与丁二酮肟作用生成玫瑰红色沉淀的螯合物。这个反应是鉴定 Ni^{2+} 的特征反应。

五、思考题

(1) 结合本实验中所观察到的现象，总结影响配位平衡的因素有哪些？

(2) 配位化合物是怎样形成的？它与复盐的主要区别是什么？配离子与简单离子有何区别？如何证明？

(3) 什么是螯合物？其有何特征？

实验 4　常见离子的个别鉴定及阳离子的系统分析

一、目的要求

(1) 熟悉常见离子的性质和反应。

(2) 了解定性分析基本方法，训练分离鉴定等基本操作技能。

二、实验原理

1. 阳离子的分析

1) 阳离子的分组

NH_4^+、Na^+、K^+ 的盐类大多溶于水，称易溶组离子，也称第一组阳离子。Ag^+、Hg^{2+} 的氯化物溶解度较小，可用盐酸沉淀($PbCl_2$ 可溶于热水)、称氯化物组离子，也称第二组阳离子。Ba^{2+}、Sr^{2+}、Ca^{2+}、Pb^{2+} 硫酸盐溶解度较小，称硫酸盐组离子，也称第三组阳离子。

首先以 HCl 为组试剂沉淀第二组阳离子，在分离掉氯化物沉淀后加组试剂 H_2SO_4 沉淀第三组阳离子。在分离掉硫酸盐沉淀后的溶液中，留有第一组阳离子和其他组阳离子。

由于在系统分析中常会向溶液加入铵盐，因而 NH_4^+ 必须取自原始溶液，按照 NH_4^+ 的鉴定方法，个别检出。

2) 阳离子的分别鉴定

NH_4^+ 的鉴定(气室法)：

$$NH_4^+ + OH^- \longrightarrow NH_3 \uparrow + H_2O$$

若 pH 试纸显蓝色表明有 NH_3 生成，则证明试样中有 NH_4^+ 存在。

Na^+ 的鉴定：中性或醋酸溶液中加入醋酸铀酰锌，得醋酸酰锌钠的淡黄色结晶形沉淀。

Ag^+ 的鉴定：在用 HNO_3 酸化的溶液中加入 Cl^-，有白色凝乳状沉淀生成。

Pb^{2+} 的鉴定：Pb^{2+} 和 K_2CrO_4 结合生成黄色沉淀。

Ba^{2+} 的鉴定：Ba^{2+} 和 K_2CrO_4 结合生成黄色沉淀。

2. 阴离子的分析

Cl^- 的鉴定：Cl^- 和 Ag^+ 在硝酸溶液中生成 AgCl 白色沉淀。

SO_4^{2-} 的鉴定：SO_4^{2-} 和 Ba^{2+} 结合生成白色沉淀。

NO_3^- 的鉴定：棕色环法，即：

$$NO_3^- + 3Fe^{2+} + 4H^+ \longrightarrow NO + 3Fe^{3+} + 2H_2O$$

$$xFeSO_4 + yNO \longrightarrow (FeSO_4)_x(NO)_y$$

PO_4^{3-} 的鉴定：PO_4^{3-} 和钼酸铵试剂结合生成黄色沉淀。

三、主要仪器与试剂

(1) 仪器：表面皿、酒精灯、铁三脚架、石棉网、试管、试管夹、试管架、烧杯、离心管、玻璃棒。

(2) 试剂：NaOH(2 mol·L^{-1})、乙醇(95%，70%)、醋酸铀酰锌溶液、HNO$_3$(6 mol·L^{-1})、NaCl(0.1 mol·L^{-1})、NH$_4$Ac(0.1 mol·L^{-1}，3 mol·L^{-1})、HAc(6 mol·L^{-1})、K$_2$CrO$_4$(0.1 mol·L^{-1})、AgNO$_3$(0.1 mol·L^{-1})、HCl(6 mol·L^{-1}，2 mol·L^{-1})、BaCl$_2$(0.1 mol·L^{-1})、浓 H$_2$SO$_4$，饱和 FeSO$_4$ 钼酸铵试剂、氨水(6 mol·L^{-1})、Na$_2$CO$_3$(3 mol·L^{-1})。

四、实验内容

1. 常见阳离子的鉴定

NH$_4^+$ 的鉴定：先将一小块 pH 试纸用蒸馏水湿润后，贴在干燥的表面皿中央。再在另一干燥表面皿中加入 2 滴 NH$_4^+$ 试液和 2 滴 NaOH(2 mol·L^{-1})溶液，然后快速用贴有 pH 试纸的表面皿盖上，组成气室。将此气室放在水浴上加热，pH 试纸颜色变蓝(pH 值在 10 以上)。

Na$^+$ 的鉴定：取 1 滴 Na$^+$试液于离心管中，加入 4 滴 95%乙醇和 8 滴醋酸铀酰锌溶液，用玻璃棒摩擦离心管内壁，生成淡黄色晶状沉淀。

Ag$^+$ 的鉴定：取 1 滴 Ag$^+$试液于离心管中，加入 2 滴 HNO$_3$(6 mol·L^{-1})对其酸化，再加入 2 滴 NaCl(0.1 mol·L^{-1})，有白色凝乳状沉淀生成。

Pb^{2+} 的鉴定：取 1 滴 Pb^{2+}试液于离心管中，加入 1 滴 HAc(6 mol·L^{-1})和 2 滴 K$_2$CrO$_4$(0.1 mol·L^{-1})，生成黄色沉淀。

Ba^{2+} 的鉴定：取 1 滴 Ba^{2+}试液于离心管中，加入 1 滴 K$_2$CrO$_4$(0.1 mol·L^{-1})，生成黄色沉淀。

2. 常见阴离子的鉴定

Cl$^-$ 的鉴定：取 1 滴 Cl$^-$试液于离心管中，加入 2 滴 HNO$_3$(6 mol·L^{-1})对其酸化，再加入 2 滴 AgNO$_3$(0.1 mol·L^{-1})，有白色凝乳状沉淀生成。

SO$_4^{2-}$ 的鉴定：取 1 滴 SO$_4^{2-}$试液于离心管中，加入 2 滴 HCl(6 mol·L^{-1})对其酸化，再加入 2 滴 BaCl$_2$(0.1 mol·L^{-1})，有白色 BaSO$_4$ 沉淀生成。

NO$_3^-$ 的鉴定：加入 2 滴 NO$_3^-$试液于试管中，然后加入 15 滴浓 H$_2$SO$_4$，混匀，在冷水中冷却。把试管斜持成 45°，沿管壁加入 10 滴饱和 FeSO$_4$(不能摇动)，使溶液明显分成两层，等待数分钟在两层溶液界面即有棕色环出现。

PO$_4^{3-}$ 的鉴定：取 PO$_4^{3-}$试液 2 滴于离心管中，加入 5 滴 HNO$_3$(6 mol·L^{-1})，5 滴钼酸铵试剂，在温水中加热至 40℃～60℃，有黄色沉淀生成。

3. Ag$^+$、Pb^{2+}、Ba^{2+} 与组试剂 HCl 的反应及 Ag$^+$的分离鉴定

1) 个别反应

取 3 支离心管分别滴入 Ag$^+$、Pb^{2+}、Ba^{2+}试液各 2 滴，然后分别加入 2 滴 HCl(2 mol·L^{-1})，有何现象？将产生沉淀的 2 支离心管离心分离，弃去上层的清液，在沉淀上加入 5 滴 NH$_4$Ac(3 mol·L^{-1})，观察有何现象？

2) 混合液中 Ag⁺的分离鉴定

① 在 1 支离心管中，各加入 2 滴 Ag⁺、Pb²⁺、Ba²⁺试液，充分摇匀，加入 2 滴 HCl($2\ mol \cdot L^{-1}$)，充分搅动，离心分离，弃去上层的清液。在沉淀上加入 5 滴 NH₄Ac($3\ mol \cdot L^{-1}$)洗涤，离心分离，弃去上层的清液。

② Ag⁺的鉴定：在①所得沉淀上，滴加氨水($6\ mol \cdot L^{-1}$)，充分搅动，使其溶解，再加入 HNO₃($6\ mol \cdot L^{-1}$)酸化，沉淀重新生成，表示有 Ag⁺。

3) 系统分析示意图

Ag⁺、Pb²⁺、Ba²⁺混合液中 Ag⁺的鉴定系统分析示意图如图 2-4-1 所示。

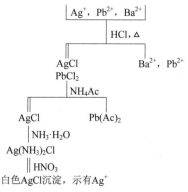

图 2-4-1　Ag⁺、Pb²⁺、Ba²⁺混合液中 Ag⁺的鉴定分析示意图

注：① 如在热溶液中加入 HCl 就得不到 PbCl₂沉淀，所以一般不将 Pb²⁺作为氯化物组离子。

② 系统分析示意图中，"‖"代表沉淀，"｜"代表溶液，"△"代表加热。

4. 已知阳离子混合液的系统分析

1) 系统分析示意图

阳离子混合液的系统分析示意图如图 2-4-2 所示。

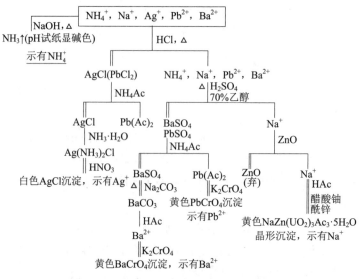

图 2-4-2　阳离子混合液的系统分析示意图

2) 操作步骤

(1) 混合试液准备：在 1 支试管中，加入 NH_4^+、Na^+、Ag^+、Pb^{2+}、Ba^{2+} 试液各 4 滴，充分摇匀。

(2) NH_4^+ 的鉴定：取 2 滴混合试液，按 NH_4^+ 的鉴定方法处理。

(3) 分离第二组阳离子：取 10 滴混合试液，摇匀溶液后，加入 2 滴 $HCl(2 \ mol \cdot L^{-1})$，置于热水浴中数分钟，离心分离，溶液盛于微型烧杯内，沉淀按步骤(4)处理，溶液按(5)处理。

(4) Ag^+ 的鉴定：在步骤(3)所得氯化物沉淀上加入 5 滴 $NH_4Ac(3 \ mol \cdot L^{-1})$，充分搅动，离心分离，溶液保留(可能含有 Pb^{2+})，沉淀按 Ag^+ 的鉴定方法处理。

(5) 分离第三组阳离子：在步骤(3)所得溶液(微型烧杯内)中加入 2 滴浓 H_2SO_4，在石棉网上小心加热至冒 SO_3 白烟，使溶液内 HCl、HNO_3 挥发除去，待烧杯冷却后加入 5 滴 70%乙醇，用玻璃棒搅动，将微型烧杯内物质转移至离心管中，再加入 5 滴 70%乙醇，分离，沉淀按步骤(6)处理，溶液按(9)处理。

(6) Ba^{2+} 和 Pb^{2+} 的分离：在步骤(5)所得沉淀上加入 10 滴 $NH_4Ac(3 \ mol \cdot L^{-1})$，充分搅动，水浴加热 2 分钟，离心分离，沉淀按步骤(7)处理，溶液按步骤(8)处理。

(7) Ba^{2+} 的鉴定：在(6)所得沉淀上加入 10 滴 $Na_2CO_3(3 \ mol \cdot L^{-1})$，水浴加热，充分搅动，离心分离，弃去上层的清液，重复处理 2~3 次，使 $BaSO_4$ 沉淀全部转化为 $BaCO_3$ 沉淀。再在沉淀上加入 6 滴 $HAc(6 \ mol \cdot L^{-1})$ 使沉淀溶解，如有混浊，离心分离后弃去沉淀(沉淀是什么？)，再按 Ba^{2+} 的个别鉴定方法处理。

(8) Pb^{2+} 的鉴定：将步骤(6)所得溶液按 Pb^{2+} 的个别鉴定操作处理。将步骤(4)所得溶液也按 Pb^{2+} 个别鉴定方法处理。

(9) Na^+ 的鉴定：在步骤(5)所得溶液中加 ZnO 粉末，充分搅动，离心分离，取上层的清液 2 滴，按 Na^+ 的个别鉴定方法处理。

五、思考题

(1) 在 $BaSO_4$ 沉淀中加入 $Na_2CO_3(3 \ mol \cdot L^{-1})$ 溶液，使得 $BaSO_4$ 沉淀转化为 $BaCO_3$ 沉淀，这是利用何种原理？

(2) 在实验过程中，如果离心分离不完全，对分析结果有何影响？

(3) 在离子鉴定过程中，所用的仪器是否一定要用蒸馏水洗干净？如果没洗干净，会带来何种影响？

实验 5　未知阳离子溶液的系统分析

一、实验目的

(1) 综合应用定性分析法。
(2) 熟练掌握定性及试管反应的操作。

二、实验原理

根据阳离子与常用试剂反应的相似性和差异性，可以选用适当试剂，将阳离子分成若干个组，使各组阳离子按顺序分批沉淀下来，然后在各组中进一步分离和鉴定每一种离子，这就是阳离子系统分析方法。

本实验选用阳离子为 Na^+、NH_4^+、Pb^{2+}、Ba^{2+}、Ag^+，每份样品含其中几种离子。选用组试剂 HCl、H_2SO_4，盐酸盐组离子有 Ag^+、Pb^{2+}($PbCl_2$ 可溶于热水)，硫酸盐组离子有 Pb^{2+}、Ba^{2+}，易溶组离子有 Na^+、NH_4^+。

由于系统分析中有时会向溶液加入铵盐，因此 NH_4^+ 必须自原始试样中个别检出。利用 $PbCl_2$、$PbSO_4$ 均溶于 NH_4Ac 溶液，生成弱电解质 $Pb(Ac)_2$ 的性质，可以从盐酸盐沉淀中分离 Ag^+ 和 Pb^{2+}，从硫酸盐中分离 Pb^{2+} 和 Ba^{2+}。

每一个阳离子都必须在分组后进一步分离再进行个别鉴定。

三、主要仪器与试剂

(1) 仪器：表面皿、酒精灯、铁三脚架、石棉网、试管、试管夹、试管架、烧杯、离心管、玻璃棒。

(2) 试剂：NaOH(2 mol·L^{-1})、乙醇(95%，70%)、醋酸铀酰锌溶液、HNO_3 (6 mol·L^{-1})、NaCl(0.1 mol·L^{-1})、NH_4Ac(0.1 mol·L^{-1}，3 mol·L^{-1})、HAc(6 mol·L^{-1})、K_2CrO_4 (0.1 mol·L^{-1})、$AgNO_3$(0.1 mol·L^{-1})、HCl(6 mol·L^{-1}，2 mol·L^{-1})、$BaCl_2$(0.1 mol·L^{-1})、浓 H_2SO_4、饱和 $FeSO_4$、钼酸铵试剂、氨水(6 mol·L^{-1})、Na_2CO_3(3 mol·L^{-1})。

四、实验内容

参见实验 4 中已知阳离子混合液的系统分析，按"组试剂分离→进一步分离→个别鉴定"的原则，根据每一步操作的实验现象，分析判断，决定下一个实验步骤。最后对所给试样中含有哪几种阳离子给出明确结论。

(1) 向指导教师领取未知液 2 mL，取 0.5 mL 按照已知阳离子混合液系统分析的操作步骤进行分析。

(2) 根据初步观察到的实验现象，综合考虑，得出初步分析结果，然后用剩余的未知液进一步验证，得出正确结果。

五、思考题

(1) 在对未知阳离子溶液进行系统分析时，为何不能将试剂直接加到新领取的未知溶液中进行分析，而是取出部分溶液进行分析？

(2) 为了保障实验的正常进行，实验过程中应注意哪些问题？

实验 6　硫酸亚铁铵的制备

一、目的要求

(1) 了解复盐的制备方法。

(2) 练习水浴加热和减压过滤等操作。

二、实验原理

铁屑易溶于稀硫酸中,生成硫酸亚铁,即

$$Fe + H_2SO_4 =\!=\!= FeSO_4 + H_2 \uparrow$$

硫酸亚铁与等物质的量的硫酸铵在水溶液中相互作用,即生成溶解度较小的浅蓝绿色单斜晶体的硫酸亚铁铵 $FeSO_4 \cdot (NH_4)_2SO_4 \cdot 6H_2O$。硫酸亚铁铵又称摩尔盐,它是一种复盐。

$$FeSO_4 + (NH_4)_2SO_4 + 6H_2O =\!=\!= FeSO_4 \cdot (NH_4)_2SO_4 \cdot 6H_2O$$

一般亚铁盐在空气中都易被氧化,但形成复盐后却比较稳定,不易被氧化,溶于水但不溶于乙醇。

像所有的复盐那样,硫酸亚铁铵在水中的溶解度比组成它的每一个组分 $FeSO_4$ 或 $(NH_4)_2SO_4$ 的溶解度都要小,因此从 $FeSO_4$ 和 $(NH_4)_2SO_4$ 溶于水所制得的混合溶液中很容易得到结晶的摩尔盐。硫酸铵、硫酸亚铁和硫酸亚铁铵在水中的溶解度(每 100 g 水中的含量)见表 2-6-1。

表 2-6-1　三种盐的溶解度

物　　质	0℃	10℃	20℃	30℃	40℃	50℃	70℃
$FeSO_4 \cdot 7H_2O$	15.7	20.5	26.6	32.9	40.2	48.6	56
$(NH_4)_2SO_4$	70.6	73.0	75.4	78.0	81.6	84.5	91.9
$FeSO_4 \cdot (NH_4)_2SO_4 \cdot 6H_2O$	12.5	18.1	21.2	24.5	33.0	40.0	38.5

三、主要仪器与试剂

(1) 仪器:蒸发皿、锥形瓶、酒精灯、铁三脚架、石棉网、烧杯、玻璃棒、表面皿、台天平、量筒、布氏漏斗、吸滤瓶、水泵。

(2) 试剂:铁屑、Na_2CO_3(10%)、H_2SO_4(3 mol · L^{-1})、$(NH_4)_2SO_4$(s)。

四、实验内容

1. 铁屑的净化(去油污)

称取 4.0 克铁屑，放在锥形瓶中，加 20 mL 10% Na_2CO_3 溶液，缓缓加热约 10 分钟，用倾析法除去碱液，用水把铁屑冲洗干净。

2. 硫酸亚铁的制备

往盛着铁屑的锥形瓶内加入 25 mL H_2SO_4(3 mol·L^{-1})溶液，在水浴中加热。在加热过程中，应经常取出锥形瓶摇荡以加速反应。待铁屑与硫酸反应至不再有气泡冒出时，停止加热，趁热减压过滤。滤液转至蒸发皿中(蒸发皿置水蒸汽浴上保温，使之不析出硫酸亚铁晶体)。将锥形瓶中和滤纸上的铁与残渣洗净，收集起来用滤纸吸干后称量。算出已反应的铁屑的量并计算出生成的硫酸亚铁的理论产量和制备复盐所需的硫酸铵的质量。

3. 硫酸亚铁铵的制备

根据上面计算出来的硫酸亚铁的理论产量，可按照 $FeSO_4$ 与 $(NH_4)_2SO_4$ 质量比 1:0.87 的比例，称取固体硫酸铵，并配制成饱和溶液(自己查阅手册，根据其溶解度来配制)，加到蒸发皿内的硫酸亚铁溶液中，搅动均匀。混合溶液用水蒸汽浴加热蒸发、浓缩至溶液表面产生晶膜时停止加热。充分冷却使硫酸亚铁铵晶体析出。用倾析法除去母液，再用倾析法以少量乙醇洗涤晶体两次，然后把晶体放在表面皿上晾干，称重，计算产率。

4. 数据记录及处理

(1) 原料(粗屑)质量 A＿＿＿＿＿＿＿＿＿＿＿＿＿＿＿＿＿＿＿＿＿＿克。

(2) 铁屑残渣质量 B＿＿＿＿＿＿＿＿＿＿＿＿＿＿＿＿＿＿＿＿＿＿克。

(3) 已反应的铁质量 C = A − B＿＿＿＿＿＿＿＿＿＿＿＿＿＿＿＿克。

(4) 硫酸亚铁的理论产量＿＿＿＿＿＿＿＿＿＿＿＿＿＿＿＿＿＿＿＿克。

(5) 硫酸亚铁铵 $FeSO_4·(NH_4)_2SO_4·6H_2O$ 的理论产量＿＿＿＿＿＿＿＿克。

(6) 称取固体$(NH_4)_2SO_4$的质量＿＿＿＿＿＿＿＿＿＿＿＿＿＿＿＿克。

(7) $FeSO_4·(NH_4)_2SO_4·6H_2O$ 复盐晶体的质量＿＿＿＿＿＿＿＿＿＿克。

(8) 产率 $= \dfrac{实际产量}{理论产量} \times 100\%$ ＿＿＿＿＿＿＿＿＿＿＿＿＿＿＿＿%。

五、思考题

(1) 计算硫酸亚铁铵的产率时，应该以 $FeSO_4$ 的量为准，还是以$(NH_4)_2SO_4$的量为准？为什么？

(2) 在反应过程中，铁和硫酸哪一种应过量，为什么？反应为什么必须通风？

(3) 混合溶液为什么要呈弱酸性？

(4) 如何制备不含氧的蒸馏水？为什么配制样品溶液时一定要用不含氧的蒸馏水？

附：制备、合成实验报告示例

专业＿＿＿＿　班级＿＿＿＿　姓名＿＿＿＿　日期＿＿＿＿

实验(　　)＿＿＿＿＿

一、目的要求

二、实验原理(主反应和主要副反应，实验主要装置图)

三、实验内容

四、数据记录及处理

计算产率公式为：

$$产率 = \frac{实际产量}{理论产量} \times 100\%$$

五、讨论(总结实验的经验、教训等)

实验 7　熔点的测定和温度计的校正

一、目的要求

(1) 正确掌握用毛细管法测定固体有机化合物熔点的原理及方法。

(2) 了解熔点测定的意义，掌握测定熔点的操作方法。

(3) 了解温度计校正的意义，学习温度计校正的方法。

二、实验原理

将固体物质加热到一定温度时，从固态转变为液态，此时的温度称为该物质的熔点。熔点的严格定义是：一种物质的固液两态在大气压下达成平衡时的温度。

纯净的固体有机化合物一般都有固定的熔点，固液两相之间的变化非常敏锐。从初熔到全熔的温度范围称为熔距或熔程，一般不超过 0.5℃～1℃(液晶除外)。当混有杂质后，熔点就有显著的变化，熔点降低，熔程扩大。因此，通过测定熔点，可以鉴别未知的固态有机化合物和判断有机化合物的纯度。

如果两种固体有机化合物具有相同或相近的熔点，可以采用混合熔点法来鉴别它们是否为同一化合物。若是两种不同化合物，通常会使熔点下降(也有例外)；如果是相同化合物，则熔点不变。例如：肉桂酸和尿素，它们各自的熔点均为 133℃，但把它们等量混合，再测定其熔点，则比 133℃低得多，而且熔程长，这种现象叫作混合熔点下降。在科学研究中常用混合熔点法检验所得的化合物是否与预期的化合物相同。进行混合熔点的测定至少测定三种比例(1∶9，1∶1，9∶1)。

三、主要仪器与试剂

(1) 仪器：齐氏熔点测定管(b 形管)、温度计(200℃)、酒精灯、玻璃管、玻璃棒、钻孔器、表面皿、毛细管、铁夹、铁架台。

(2) 试剂：苯甲酸(分析纯)、萘(分析纯)、苯甲酸—萘混合物、浓硫酸(化学纯)。

四、实验内容

1. 熔点的测定方法

熔点测定对有机化合物的研究具有很大的实用价值，如何测出准确的熔点是一个重要问题。目前，测熔点的方法很多，应用最广泛的是齐氏管法。该方法使用的仪器简单，样品用量少，操作方便。本实验着重介绍齐氏管法。

1) 齐氏管法的装置及安装

(1) 毛细管的准备。毛细管可以用玻璃管在酒精喷灯上拉制,也可买现成商品。通常,装试样前须在酒精灯外焰边缘小心熔封两端,加热时毛细管与火焰中线成 45° 左右夹角,并使毛细管不停地来回转动,直到见管口成一小红点即可,再用小砂轮在毛细管的中点划一下,扳成两段,断口必须平整。

(2) 样品的填装。把 0.1~0.2 g 已干燥并研成粉末的样品放在表面皿上,聚成小堆,然后将毛细管开口一端垂直插入试样中,样品便被挤入毛细管中,再把毛细管竖起来在桌面上蹾几下,使试样进入管底。取一支长 30~40 cm 的玻璃管,垂直于一干净的表面皿上,将毛细管开口端朝上,从玻璃管上端自由落下。重复操作十几次,直至样品装得均匀、紧密,高度为 2~3 mm。沾于管外的粉末须轻轻拭去,以免玷污加热溶液。要测得准确的熔点,样品一定要研得极细,装得结实,使热量的传导迅速、均匀。一种试样最好同时装入三根毛细管,以备测定时用。

(3) 仪器及安装。齐氏管法最常用的仪器是齐氏熔点测定管(亦称 b 形管),如图 2-7-1(a) 所示,有时也用双浴式熔点测定器,如图 2-7-1(b)所示。用双浴式熔点测定器测熔点时,热浴隔着空气(空气浴)把温度计旁的样品均匀加热,效果较好,但温度上升较慢。而用齐氏熔点测定管测定熔点时,加热快,操作方便。虽有温度分布不够均匀的缺点,但仍被广泛采用。

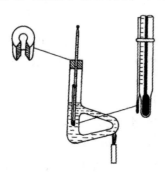 

(a) 齐氏熔点测定管　　　　　　　　　　(b) 双浴式熔点测定器

图 2-7-1　熔点测定仪器

装置中热浴用的导热液,通常有浓硫酸、甘油、液体石蜡和硅油等。选用时视所需温度而定。当温度低于 140℃,最好选用液体石蜡或甘油(药用液体石蜡加热到 220℃仍不变色)。在需要加热到 140℃以上时,可用浓硫酸,但热的浓硫酸具有极强的腐蚀性,若加热不当,浓硫酸易溅出伤人。当温度超过 250℃时,浓硫酸产生白烟,妨碍温度的读数,在这种情况下,可在浓硫酸中加入硫酸钾,加热成饱和溶液,然后进行测定。有时因有机物掉入浓硫酸内而变黑,妨碍对样品熔融过程的观察,这时可加一些硝酸钾晶体,氧化以除去有机物。硅油可加热到 250℃,且比较稳定,透明度高,无腐蚀性,但价格较贵。

将干燥的齐氏管固定在铁架台上,倒入导热液,使液面位于齐氏管的上叉管处。管口安放开口的塞子,温度计插入其中,刻度应面向塞子的开口,以便读数。毛细管通过导热液粘附到温度计上,粘附时,温度计不要离开齐氏管口以免导热液滴到桌面上。毛细管也可用橡皮圈套在温度计上,然后,调节毛细管的位置,使试样对准温度计水银球的中心,再小心地将温度计垂直伸入导热液中,并使水银球中心处于齐氏管上下叉管中间,因为此处对流循环好,温度均匀。

2) 齐氏管熔点测定法

(1) 粗测:仪器和样品安装好后,用小火加热。如果测定未知的熔点,应先对样品粗测一次,升温可快些,当升温速度为5℃/min~6℃/min时,认真观察并记录现象,直至样品熔化,测得近似熔点。

(2) 精测:将温度计连同开口塞稍拔高些,取出毛细管,将开口塞子搁置在齐氏管口上(不要将温度计移出齐氏管),让导热液慢慢冷却到样品近似熔点以下 30℃左右,再换一根新的装有样品的毛细管,作精测。每次测定必须用新的毛细管另装样品,已用过的毛细管不可再用,因为有些物质会部分分解产生杂质,有时会转变成具有不同熔点的其他晶型。

精测时,开始升温速度为5℃/min~6℃/min,当离近似溶点10℃~15℃时,调整火焰,使它升温速度约为 1℃/min,愈接近熔点,升温速度愈慢,掌握升温速度是准确测定熔点的关键。密切注意毛细管中样品的变化,当样品开始塌落,并有液相产生(部分透明)时表示开始熔化,即为初熔;当固体刚好完全消失(全部透明)时,则表示全熔。

(3) 记录:记下初熔和全熔的两点温度,其差值为熔程。熔程越短表示试样纯度越高,写实验报告时绝不可将试样熔点写成初熔和全熔两个温度的平均值,而一定要写出这两点的温度。

例如,在 121℃时有液态出现,在 122℃时全熔,应记录为: 熔点:121℃~122℃。

另外,在加热过程中应注意试样是否有萎缩、变色、发泡、升华、碳化等现象,均应如实记录。

每种试样至少测量两次,测定已知物熔点时,两次测定的误差应小于等于±1℃,测定未知物时,需测量三次,一次粗测,两次精测,两次精测的误差应小于等于±1℃。

(4) 后处理:将自然冷却的导热液倒入回收瓶中。如果导热液为浓硫酸,温度计冷却后先用废纸擦去浓硫酸,再用水冲洗,以免硫酸遇水散热使温度计水银球破裂。

3) 特殊样品熔点的测定

(1) 易升华的化合物:装好样品后将毛细管上端也熔封,毛细管全部浸入导热液中,因为压力对熔点影响不大,因此在用封闭的毛细管测定熔点时其影响可忽略不计。

(2) 易吸湿的化合物:装样动作要快,装好后立即将毛细管上端熔封,以免在测定过程中,吸湿使熔点降低。

(3) 易分解的化合物:有的化合物遇热时常易分解,如产生气体、碳化、变色等。由于分解产生杂质,熔点会有所下降。分解产生杂质的多少与加热时间的长短有关。因此,测定易分解样品时,为了能重复测得熔点,常需对加热时间、加热速度作较详细的说明,并用括号注明"分解"。

(4) 低熔点(室温以下)的化合物:将装有样品的毛细管与温度计一起冷却,使样品结成固体,再将毛细管与温度计一起移至另一个冷却到同样低温的双套管中,撤去冷却液,容器内温度慢慢上升,观察熔点。

4) 显微熔点测定仪测熔点

显微熔点测定仪如图 2-7-2 所示,其优点是:可测量微量样品及高熔点样品,并能观察样品受热变化的情况。

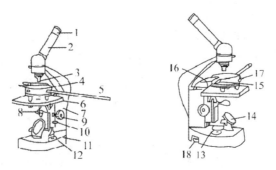

1—目镜；2—棱镜检偏部件；3—物镜；4—热台；5—温度计；6—载热台；7—镜身；8—起偏振件；

9—粗动手轮；10—上紧螺钉；11—底座；12—波段开关；13—电位器旋钮；14—反光镜；

15—拨动圈；16—上隔热玻璃；17—地线柱；18—电压表

图 2-7-2　X-型显微熔点测定仪示意图

　　操作方法：取一洁净干燥的载玻片放在可移动的支持器上，将烘干、研细后的微量样品放在载玻片上，并用另一载玻片覆盖，调节支持器使样品对准载热台中心孔洞，再用圆玻璃盖罩住，调节镜头焦距，使样品清晰可见。通电加热，调节电位器(加热旋钮)控制升温速度。开始升温速度可快一些，当温度低于样品熔点 10℃～15℃时，用微调旋钮控制升温速度不超过 1℃/min。仔细观察样品变化，当晶体的棱角开始变圆时，表示开始熔化(初熔)，当晶体形状完全消失变成液体时，表示完全熔化(全熔)。测毕停止加热，移去圆玻璃盖，用镊子取出载玻片(下次测时换新的)，把散热厚铝块放在加热台上加速冷却以备重测。要求重复测定 2～3 次。

　　5) 数字熔点仪测熔点

　　以 WRS-1 数字熔点仪为例，如图 2-7-3 所示，该熔点仪采用光电检测、数字温度显示等技术，具有初熔、终熔自动显示，熔化曲线自动记录等功能。且操作简便，无需实验人员监视。

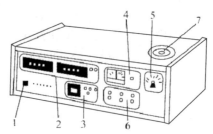

1—电源开关；2—温度显示单元；3—起始温度设定单元；4—调零单元；5—速率选择单元；

6—线性升降温控制单元；7—毛细管插口

图 2-7-3　数字熔点仪

2. 温度计的校正方法

1) 温度计读数的校正

普通温度计的刻度是在温度计的水银线全都均匀受热的情况下刻出来的。但在测定温度时，人们经常将温度计的一部分插入液体中，留一段水银线在液面外，这样测定的温度比温度计全部浸入液体中所得的结果偏低。因此，要准确测定温度，就必须对外露的水银线造成的误差进行校正。

读数的校正，可按照下式求出水银线的校正值，即

$$\Delta t = kn(t_1 - t_2)$$

式中：Δt 为外露段水银线的校正值；t_1 为温度计测得的熔点；t_2 为热浴上的气温(用另一支辅助温度计测定，将这支温度计的水银球紧贴于露出液面的一段水银线中央)；n 为温度计的水银线外露段的度数；k 为水银和玻璃膨胀系数的差。

普通玻璃在不同温度下的 k 值为

$t = 0℃\sim150℃$ 时，$k = 0.000\ 158$；$t = 200℃$ 时，$k = 0.000\ 159$；$t = 250℃$ 时，$k = 0.000\ 161$；$t = 300℃$ 时，$k = 0.000\ 164$。

例：浴液面在温度计的 30℃ 处测定的导热液熔点为 190℃(t_1)，则外露段温度为 190 − 30 = 160(℃)，则辅助温度计水银球应放在 160 ÷ 2 + 30 = 110(℃)处，测得 $t_2 = 65℃$。将 t_1，t_2，k 值代入公式，可求出 $\Delta t = 0.000\ 159 × 160 × (190 − 65) = 3.18(℃) ≈ 3.2(℃)$。所以，校正后的熔点应为 190 + 3.2 = 193.2(℃)。

2) 温度计刻度的校正

市售的温度计，其刻度可能不准；在使用过程中，周期性的加热和冷却，也会导致温度计零点的变动，而影响测定的结果，因此也要进行校正，这种校正称为温度计刻度的校正。

温度计刻度的校正通常有两种方法：

(1) 以纯的有机化合物的熔点为标准：选择数种已知熔点的纯有机化合物，测定它们的熔点，以实测的熔点为纵坐标，实测的熔点与已知的熔点的差值为横坐标，画出校正曲线图，从图中可以找到任一温度时的校正误差值。

(2) 与标准温度计比较：把标准温度计与被校正温度计平行放在导热液中，缓慢均匀加热，每隔 5℃ 分别记下两支温度计读数，计算出偏差量Δt，即

$$\Delta t = 被校正温度计的温度 − 标准温度计的温度$$

以被校正的温度计的温度为纵坐标，Δt 为横坐标，画出校正曲线以供校正用，如图 2-7-4 所示。

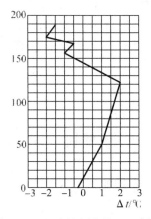

图 2-7-4　温度计刻度校正示意图

3. 齐氏管法测熔点

取三根毛细管，两端熔封，用小砂轮从中间割断。将已知样品萘和苯甲酸各装入两根毛细管，萘和苯甲酸的混合样品装入两根毛细管。用浓硫酸为导热液，依次测定混合样品、萘和苯甲酸的熔点。对混合样品做一次粗测，一次精测；对已知样品做两次精测。两次精测的误差应小于 $\pm 1\,℃$。一些有机化合物的熔点见表 2-7-1。

表 2-7-1　一些有机化合物的熔点

样品名称	熔点/℃
水-冰	0
二苯胺	53
对-二氯苯	53
邻苯二酚	105
苯甲酸	122.4
水杨酸	159
萘	80.55
乙酰苯胺	114.3
对苯二酚	173～174
酚酞	262～263

4. 注意事项

(1) 导热液不宜多加，因其受热膨胀液面还略有升高，液面偏高易引起毛细管漂移，偏离温度计，影响测定的准确性。

(2) 严格来说，温度计使用前应先校正。

(3) 塞子上的缺口可使 b 形管内与大气相通，以免受热后管内产生压力将塞子冲开。

(4) 橡皮圈应在导热液液面之上。

(5) 因温度计水银球的玻璃壁比毛细管壁要薄，导热快，因此水银受热早，试样受热相对稍晚。另外，实验者不能在观察试样熔化的同时读出温度。为了有充足的时间让热传导均衡，减少实验误差，只有缓缓加热。加热太快必然引起读数偏高，熔程扩大，甚至观察到了初熔而观察不到全熔。

五、思考题

(1) 有 A、B、C 三种样品，其熔点范围都是 $149\,℃～150\,℃$，用什么方法判断它们是否为同一物质？

(2) 齐氏管中的导热液为什么不能加得太多，也不能加得太少？

(3) 测过熔点的毛细管冷却后试样凝固了，为什么不能再测第二次？

(4) 接近熔点时，升温速度为何要放慢？快了有什么后果？

(5) 测熔点时，若遇到下列情况之一，将产生什么后果？

① 毛细管管壁比温度计水银球的玻璃壁厚；

② 毛细管不洁净；

③ 毛细管底部未完全封闭；

④ 毛细管熔封时间太长，底部太厚；

⑤ 样品研得不细或装得不紧；

⑥ 样品装得太少或装得太多；

⑦ 样品未充分干燥；

⑧ 毛细管偏离温度计。

实验 8　蒸馏及沸点测定

一、目的要求

(1) 理解沸点的定义，了解蒸馏及测定沸点的意义。

(2) 掌握常量法(即蒸馏法)及微量法(毛细管法)测定沸点的原理和方法。

(3) 学会装配和拆卸蒸馏装置的正确方法。

二、实验原理

　　液体分子由于分子运动有从表面逸出的倾向，这种倾向随着温度的升高而增大。如果把液体置于密闭的真空体系中，液体分子会连续不断地逸出液面而形成蒸气，同时从有蒸气的那一瞬间开始，蒸气分子也不断地回到液体中。当分子由液体逸出的速度与分子由蒸气回到液体中的速度相等时，液面上的蒸气达到饱和，它对液面所施的压力称为饱和蒸气压(简称蒸气压)。实验证明，液体的蒸气压只与温度有关，即液体在一定温度下具有一定的蒸气压，它与体系中存在的液体和蒸气的绝对量无关。

　　当液体受热，它的蒸气压就随着温度的升高而增大，如图 2-8-1 所示。

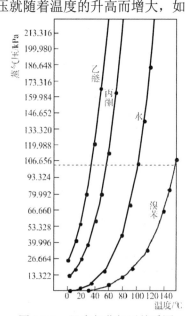

图 2-8-1　温度与蒸气压关系图

　　当液体的蒸气压增加到与外界施于液面的总压力(通常是大气压力)相等时，就有大量气泡从液体内部逸出，即液体沸腾。这时的温度称为液体的沸点。显然，沸点与所受外界压力的大小有关。通常所说的沸点是指 101.325 kPa(即 1 个大气压)压力下液体沸腾时的温度。例如水的沸点为 100℃，即是指在 101.325 kPa 压力下，水在 100℃时沸腾。在其他压力下的沸点应注明压力，例如在 85.326 kPa 时，水在 95℃沸腾，这时水的沸点可以表示为 95℃/85.326 kPa。

在常压下进行蒸馏时，由于大气压往往不是恰好为 101.325 kPa，因而严格说来应对观察到的沸点加以校正，但由于误差一般很小，因而可忽略不计。

纯的液体有机化合物在一定的压力下具有固定的沸点，其温度变化的范围(沸程)极小，通常不超过 1℃~2℃，若含有杂质往往会使沸点降低，沸程扩大。但具有固定沸点的液体有机化合物不一定都是纯净物，因为某些有机化合物可组成二元或三元共沸混合物，它们也有固定的沸点。尽管如此，沸点仍可作为鉴定液态有机化合物的重要物理常数之一，并且可以检验物质的纯度。

三、主要仪器与试剂

(1) 仪器：60 mL 蒸馏烧瓶(圆底烧瓶)、蒸馏头、150℃或 200℃温度计、直形冷凝管、接引管、100 mL 锥形瓶(三角烧瓶)、铁夹、铁架台、酒精灯、微量沸点管、熔点测定管(b 形管)、毛细管、50 mL 量筒、400 mL 烧杯、沸石、长颈漏斗、铁圈、石棉网。

(2) 试剂：乙酸乙酯(分析纯或化学纯)。

四、实验内容

1. 沸点测定方法

1) 常量法装置及其安装

常量法即蒸馏法，即用蒸馏方法测定沸点。蒸馏是将液体加热至沸腾，使其变为蒸气，再将蒸气冷凝为液体的两个过程的联合操作。通过蒸馏不仅可以测定液体有机化合物的沸点，而且可以对有机混合物进行分离、提纯。例如可以将易挥发的物质和不挥发的物质分离开来；可以将沸点至少相差 30℃以上的液体混合物分离开来等。

图 2-8-2 为常压简单蒸馏最常用的装置，由蒸馏烧瓶、蒸馏头、温度计、冷凝管、接引管和锥形瓶组成。

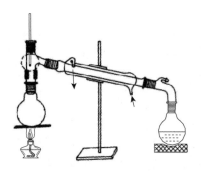

图 2-8-2　蒸馏装置图

选用蒸馏烧瓶时，一般应使蒸馏物的体积不超过烧瓶容量的 2/3。也不少于 1/2。如果装入液体量过多,当加热沸腾时液体可能冲出,或液体的飞沫被蒸气带出而混入蒸馏液中,污染馏出液;如果装入液体量太少,在蒸馏结束时,相对较多的液体残留在瓶中而造成损失。

蒸馏头的直立管与斜侧管(支管)的夹角以 75° 左右为宜,应使冷凝管与蒸馏头的支管对接后有一定的倾斜度,以便于冷凝液的流淌,温度计的水银球应完全为蒸气所包围,这样才能准确地测出蒸气的温度,通常水银球的上限应和蒸馏头支管的下限在同一水平线上,见图 2-8-2 圆圈内所示。若水银球位置偏高,水银球不能完全为蒸气所包围。往往使读数偏低,相反若水银球位置偏低,当瓶颈部过热时又可使读数偏高,因此温度计的位置是否合适,对测定的准确性有明显影响。

直形冷凝管用于冷凝沸点在 140℃ 以下的液体的蒸气(沸点在 140℃ 以上者,应改用空气冷凝管,因高沸点液体的蒸气用空气冷凝即可将其转化为液体,若用直形冷凝管接缝处容易爆裂),其夹套中通入冷水,夹套下端有一进水口,用橡胶管接至自来水龙头;上端有一出水口,接一橡胶管将水导入水槽,低进高出的水流才能充满夹套,使蒸气得以充分冷凝。

接受器通常用标准口锥形瓶或普通锥形瓶,也可用标准口圆底烧瓶,但一般不用烧杯,因烧杯敞口,有机物易挥发而污染空气,若用普通锥形瓶作接受器,接引管下端应伸入锥形瓶。接引管与锥形瓶间不可密封(可选用带支管的接引管),常压蒸馏应与外界大气相通。若蒸馏低沸点、易燃、易爆液体(如乙醚),或蒸气毒性较大,应选用带支管的接引管和标准口的接受器,使两者接严不漏气,支管上接一橡胶管(或软塑料管),将余气引入下水道,管子插入水槽的下水口或室外。

安装仪器的顺序一般是从热源处(酒精灯或电炉)开始,"由下而上,从左到右或从右到左"依次安放铁圈(以电炉为热源时可不用)、石棉网(或水浴、油浴)、圆底烧瓶等。是从左到右,还是从右到左安装,其选择原则是要使整套仪器装配好后冷凝管的进水口靠近水龙头,以便就近接通冷凝水。圆底烧瓶的颈部用铁夹垂直夹好,再插入蒸馏头、带橡皮塞的温度计。安装冷凝管时应先在另一铁架台上用铁夹(冷凝夹)夹住冷凝管的中前部(不是中部),再调整冷凝管的斜度、高度,使冷凝管上口与蒸馏头支管口靠近,并使冷凝管沿中轴线上移和蒸馏头支管对接,这样才不致折断仪器。蒸馏头支管与冷凝管对接后应使冷凝管的进水口朝下,并稍旋转使它们接紧到位,然后拧紧铁夹,此时铁夹应正好夹在冷凝管的中部。当蒸馏头支管与冷凝管尚未完全同轴时,切不可强行对接,即使两者已经同轴也不能采用移动铁架台的方法使两者对接,这两种错误的操作均可损坏仪器,必须避免。

夹玻璃仪器的铁夹要套上橡皮管等软性物质,夹住玻璃仪器后应稍用力尚能转动,不可夹得太紧或太松。整个装置要求准确端正,无论从正面或侧面观察,全套仪器中各个仪器的轴线都要在同一平面内,所有铁夹的长柄和铁架台的柱子都应处在仪器的背面。

2) 常量测定法

(1) 加料:仪器装配好后应认真检查,然后将待蒸馏液体通过长颈漏斗倒入蒸馏瓶中,加入几粒助沸物(常用沸石),塞好带温度计的塞子。助沸物通常是敲成碎粒的素瓷片或毛细管、玻璃沸石等多孔性物质。当液体加热至沸点,助沸物内的小气泡成为液体分子的气化中心,使液体平稳地沸腾,防止液体因过热而出现暴沸。如果事先忘记加助沸物,绝不能在液体接近沸腾时补加，因这样会引起剧烈暴沸。必须待稍冷后再补加。若是间断蒸馏，每次重蒸前都要补加新的助沸物，因原来的助沸物已失效。烧瓶底若有固体，加热时一定要小心，避免使用大火引起局部过热振动。先以小火使固体熔化，而后加入助沸物。

(2) 加热：接通冷凝水，通过石棉网开始加热。片刻后可见圆底烧瓶中液体逐渐沸腾，蒸气逐渐上升，温度计读数也略有上升。这时应适当调小火焰或调整加热电炉的电压，使加热速度略微下降。蒸气停留在原处，使瓶颈和温度计受热，让水银球上的液滴和蒸气温度达到平衡。然后再稍稍加大火焰，进行蒸馏。控制加热速度，使馏液流出的速度为 1～2 滴/s。蒸馏过程中，应使温度计水银球上常有被冷凝的液滴，此时的温度即为液体与蒸气平衡时的温度，温度计的读数就是液体(馏出液)的沸点。蒸馏时火焰不能太大，否则可造成蒸馏瓶的颈部过热，颈部的蒸气温度偏高，致使温度计的读数偏高；如加热火焰太小，蒸气达不到支管口处，蒸馏进行太慢，温度计的水银球不能为蒸气充分包围，而使温度计的读数偏低或不规则。

(3) 观察沸点及收集馏液：进行蒸馏前至少要准备两个接受器，因为在达到收集物的沸点之前，常有沸点较低的液体先蒸出，这部分馏液称为"前馏分"或"馏头"。前馏分蒸完，温度趋于稳定后，蒸出的就是较纯的物质，这时应更换一个洁净干燥的接受器接受。记下这部分液体开始馏出和最后一滴馏出时的温度读数，即是该馏分的沸程。当一化合物蒸完后，若仍然维持原来的温度就不会有馏液蒸出，温度会突然下降。遇到这种情况，应停止蒸馏。即使杂质含量很少也不要蒸干，因温度升高被蒸馏物可能分解影响产品纯度或发生其他意外事故。特别是蒸馏硝基化合物及含有过氧化合物的溶剂时，切忌蒸干，以防爆炸。

(4) 后处理：蒸馏完毕应先停火，移去热源，稍冷却后无冷凝液流出时关闭冷凝水，拆卸仪器。拆卸仪器的顺序应与安装时恰好相反，先取下接受器，再取下接引管。切勿忘记取下接引管，以免打破。

3) 微量法的装置

沸点管有内外两管，内管是 4 cm 长、一端封闭、内径为 1 mm 的毛细管；外管是 7～8 cm 长，一端封闭内径为 4～5 mm 的小玻璃管，如图 2-8-3 所示。

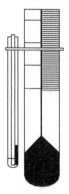

图 2-8-3 微量法沸点测定管

外管封闭端在下，用橡皮筋把沸点管系在温度计旁。将 3～4 滴被测液滴入沸点管后，将内管开口向下插入被测液体内，然后将其放到熔点测定管的热浴中进行加热。

4) 微量测定法

做好一切准备后开始加热。由于沸点内管(即毛细管)里气体受热膨胀，很快有小气泡缓缓地从液体中逸出。气泡由缓缓逸出变成快速而且是连续不断地往外冒，表明毛细管内压力已超过大气压，此时应立即停止加热。随着温度的降低，气泡逸出的速度也明显地减慢。当看到气泡不再冒出而液体刚要进入沸点内管时(即最后一个气泡刚要缩回毛细管时)的一瞬间，马上记下此时的温度，这时的温度即为该液体的沸点。

为校正起见，待温度下降几度后，再非常缓慢地加热，记下刚出现大量气泡时的温度。两次温度计读数相差应该不超过 1℃。

微量法测定沸点应该注意三点：第一，加热不能过快，被测液体不宜太少，以防液体全部汽化；第二，沸点内管的空气要尽量排净。正式测定前，让沸点内管里有大量气泡冒出，以此带出空气；第三，观察要仔细及时。

2. 沸点测定操作

1) 常量法测定乙酸乙酯的沸点

实验装置如图 8-2 所示，测定的具体步骤如下。

(1) 加料：将 30 mL 乙酸乙酯经长颈漏斗倒入 50 mL 蒸馏烧瓶中，投入 1～2 粒沸石。

(2) 加热：接通冷凝水，开始加热可快些，液体沸腾后应密切注意瓶中发生的现象，当蒸气逐渐上升至水银球周围时，温度计读数很快上升，调节火焰使馏液流出速度为 1～2 滴/s。

(3) 记录：记录第一滴馏出液滴入接受器时的温度 t_0，当温度趋于稳定时记下第二个读数 t_1，并更换锥形瓶，当蒸馏瓶内剩下 1 mL 左右液体时记录第三个读数 t_2，停止蒸馏。数据应如下记录：前馏分 $t_0 \sim t_1$，主馏分 $t_1 \sim t_2$。乙酸乙酯的沸点为 77.1℃。也可收集 76℃～78℃的主馏分。测量主馏分的体积，计算回收率。

2) 微量法测定乙酸乙酯的沸点

按毛细管微量法测定上述收集的乙酸乙酯主馏分的沸点，并与常量法做比较。

乙酸乙酯易燃，装置各衔接处要紧密，以防漏气、漏液引起火灾。

五、思考题

(1) 蒸馏有什么意义？如何选择蒸馏烧瓶、冷凝管和接受器？

(2) 如何正确安装和拆卸蒸馏装置？

(3) 蒸馏时温度计的水银球安在什么位置？能否插入液体？为什么？

(4) 为什么要用长颈漏斗加料？

(5) 蒸馏时加热的火焰不能太大又不能太小，为什么？

(6) 蒸馏时为何要加沸石？何时加？何时补加？

实验9 重结晶提纯

一、目的要求

(1) 了解固体有机化合物重结晶提纯的原理和意义。

(2) 掌握重结晶提纯的基本操作方法(包括抽滤、热过滤、脱色及折叠滤纸的方法等)。

二、实验原理

从有机制备或自然界得到的固体有机化合物往往是不纯的,重结晶是提纯固体有机化合物常用的方法之一。

固体有机化合物在溶剂中的溶解度随温度变化而改变,一般温度升高溶解度增大,反之则溶解度降低。如果把固体有机化合物溶解在热的溶剂中制成饱和溶液,然后冷却到室温或室温以下,则溶解度下降,原溶液变成过饱和溶液,这时就会有结晶固体析出。利用溶剂对被提纯物质和杂质的溶解度的不同,使杂质在热过滤时被除去或冷却后被留在母液中,从而达到提纯的目的。重结晶提纯方法主要用于提纯杂质含量小于 5%的固体有机化合物,杂质过多常会影响结晶速度或妨碍结晶的生长。

三、主要仪器与试剂

(1) 仪器:150 mL 烧杯、布氏漏斗、100 mL 锥形瓶、250 mL 吸滤瓶、热水漏斗、水泵、滤纸、表面皿、玻璃棒、球形冷凝管(回流冷凝管)、50 mL 量筒、台天平。

(2) 试剂:粗苯甲酸、粗萘、70%乙醇、活性炭。

四、实验内容

1. 重结晶提纯方法

1) 溶剂的选择

正确选择溶剂,对重结晶提纯的操作有很重要的意义。适宜的溶剂必须符合下列条件:

(1) 与被提纯的物质不起化学反应。

(2) 对被提纯的有机物必须具备溶解度在较高温度时较大,而在较低温度时较小的特性。

(3) 对于在热溶剂中不溶的杂质,趁热过滤将其除去;对于在冷溶剂中易溶的杂质,则待被提纯物结晶析出后过滤,杂质被保留在母液中。

(4) 被提纯的物质能生成较整齐的结晶体。

(5) 溶剂的沸点不宜太低，也不宜太高。因过低时，溶解度随温度的变化改变不大，又不易操作；过高时，附着于晶体表面的溶剂不易除去。

(6) 价格低，毒性小，易回收，操作安全。

选择溶剂具体试验方法：取 0.1 g 结晶固体于试管中，用滴管逐滴加入溶剂，并不断振荡试管，待加入溶剂约为 1 mL 时，注意观察是否溶解。若完全溶解或(间接)加热至沸腾后完全溶解，但冷却后无结晶析出，表明该溶剂是不适用的；若此物质完全溶于 1 mL 沸腾的溶剂中，冷却后析出大量结晶，这种溶剂一般认为是合适的。如果试样不溶于或未完全溶于 1 mL 沸腾的溶剂中，则可逐步添加溶剂，每次约 0.5 mL，并继续加热至沸腾。当溶剂总量达 4 mL，加热后样品仍未全溶(注意未溶的是否是杂质)，表示此溶剂也不适用；若该物质能溶于 4 mL 以内热溶剂中，冷却后仍无结晶析出，必要时可用玻璃棒摩擦试管内壁或用冷水冷却，促使结晶析出，若晶体仍不能析出，则此溶剂也是不适合的。

按上述方法对几种溶剂逐一试验、比较，可选出较为理想的重结晶溶剂。当难以选出一种合适的溶剂时，常使用混合溶剂。混合溶剂一般由两种彼此可互溶的溶剂组成，其中一种较易溶解结晶，另一种较难或不能溶解。常用的混合溶剂有：乙醇-水、乙醇-乙醚、乙醇-丙酮、乙醚-石油醚、苯-石油醚等。

要知道混合溶剂的适当比例，如果没有数据，可以这样试配：将混合物溶解于适当的良溶剂中，趁热过滤以除去不溶性杂质，然后逐渐加入热的不良溶剂，直到出现混浊状；加热混浊溶液使其澄清透明，再加入热的不良溶剂至混浊后再加热至澄清；最后，即使加热溶液仍呈混浊状，这时再加少量易溶溶剂，使其刚好变透明为止。将此热溶液慢慢冷却即有结晶析出。

在实际工作中选择溶剂常常要通过试验来寻找，选择时一般是根据"相似相溶"的原理，可查阅有关的手册和辞典中的溶解度。

常用的重结晶溶剂及有关性质列于表 2-9-1 中。

表 2-9-1　常用的重结晶溶剂

溶剂	沸点/℃	冰点/℃	相对密度	与水的混溶性	易燃性
水	100	0	1.0	+	−
甲醇	64.96	< 0	0.7914[20]	−	+
95%乙醇	78.1	< 0	0.804	+	++
冰醋酸	117.9	16.7	1.05	+	+
丙酮	56.2	< 0	0.79	+	+++
乙醚	34.51	< 0	0.71	−	++++
石油醚	30~60	< 0	0.64	−	++++
乙酸乙酯	77.06	< 0	0.90	−	++
苯	80.1	5	0.88	−	++++
氯仿	61.7	< 0	1.48	−	−
四氯化碳	76.54	< 0	1.59	−	−

2) **热溶液的制备**

把样品放入锥形瓶或圆底瓶烧瓶中，加入比需要量稍少些的选定的溶剂，投入 2～3 粒沸石，瓶上安装球形回流冷凝管以防止溶剂蒸气逸出，造成危险。回流冷凝装置如图 2-9-1 所示。

图 2-9-1 回流冷凝装置

根据溶剂的沸点和易燃性，选择适当的热浴，加热至微沸并进行摇动，若试样还未完全溶解，再分次添加溶剂(注意添加易燃溶剂时，首先要把加热的火熄灭)，再加热至沸腾，直到完全溶解。

在重结晶中，若要得到比较纯的产品和比较好的回收率，必须十分注意溶剂的用量。溶剂的用量要从两方面考虑，既要考虑到溶液热过滤时，因溶剂的挥发、温度的下降使溶液变成过饱和，造成在滤纸上析出较多结晶，从而影响回收率；又要考虑到防止溶剂过量，造成析出结晶太少，使相当一部分被提纯物仍溶解在母液中，随着母液流失，同样影响回收率。因此溶剂的用量既不能太少也不能太多，一般比沸腾时的饱和量增加 15%～20% 为宜。

溶液若含有色杂质，可加适量活性炭脱色。活性炭可吸附色素及树脂状物质。使用活性炭应注意以下几点：

(1) 加活性炭以前，应加热使待提纯物全溶，不可将活性炭与待提纯物同时加入冷溶剂中。

(2) 待溶液稍冷后加入活性炭，搅拌混匀，再加热至沸腾，保持微沸数分钟。切勿在接近沸腾的溶液中加入活性炭，以免引起暴沸使溶液冲出容器。

(3) 活性炭的用量，视杂质多少而定，一般为粗品重量的 1%～5%。用量过多，活性炭将吸附一部分待提纯的化合物，从而影响回收率，也易使过滤不畅。如果一次不能完全脱色，可重复上述操作。过滤时选用的滤纸要紧密，以免活性炭透过滤纸进入滤液。如发现活性炭透过滤纸，应加热微沸后换好滤纸重新过滤。

(4) 活性炭在水溶液中进行脱色效果最好，它也可在其他溶剂中使用，但在烃类等非极性溶剂中效果较差。

除了用活性炭脱色，也可采用层析柱来脱色，如氧化铝吸附色谱等。

3) **热过滤**

配制好的热溶液必须趁热过滤，以除去不溶性杂质。常用的热过滤装置有如下两种：

(1) 少量热溶液的过滤，可选一颈短而粗的玻璃漏斗放在烘箱中预热，过滤时取出趁热使用。在漏斗中放一折叠滤纸，滤纸向外的棱边应紧贴漏斗(见图 2-9-2(a))。过滤前先用少量热溶剂润湿滤纸，以免干燥的滤纸吸附溶剂使溶液浓缩而析出结晶。然后迅速倒入溶液(倒液时切勿对准滤纸底尖，以免冲破滤纸)，再用表面皿盖好漏斗(凹面朝下)，以减少溶剂的挥发、散热。

(2) 如过滤溶液量较多，则应选择保温漏斗。保温漏斗是一种减少散热的夹套式漏斗。其结构是将长颈玻璃漏斗通过橡皮塞安在一紫铜外壳内形成夹套(见图 2-9-2(b))。将保温漏斗固定在铁架台上时，漏斗颈部用铁夹轻轻夹住就行，不可夹得太紧，因紫铜外壳易变形，接缝处极易漏水。使用时将热水(通常是沸水)倒入夹套内，加热侧管(如热溶液用易燃溶剂制备，过滤前务必将火熄灭)，漏斗中放入折叠滤纸，用滴管吸取热溶剂少许，将滤纸润湿(习惯上不必先润湿滤纸，因通常溶剂的用量略偏多)，立即把制备的热溶液分批倒入漏斗中，倒液时切勿对准滤纸的底尖冲下去，这样极易冲破滤纸，造成漏炭，污染滤液。液面高度为漏斗高度的 2/3～3/4 即可，不能倒得太满，未倒入的溶液置电炉上保持微沸，当液面高度降至 1/3 处时，将所剩溶液倒入，不要等滤完后再倒，以免冲破滤纸，因浸泡后的滤纸强度降低。另外，趁热过滤时一般不用玻棒引流，以免加速降温。接受滤液的容器壁不要贴紧漏斗颈口，以免滤液迅速冷却析出结晶，结晶会沿器壁往上堆积，使漏斗口堵塞，造成无法过滤。漏斗用表面皿盖住，表面皿的凹面朝下。

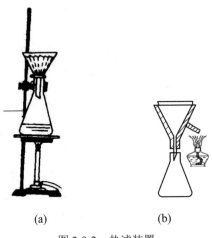

(a)　　　　　　　　　　(b)

图 2-9-2　热滤装置

若操作顺利，只有少量结晶析出在滤纸上，可用少量热溶剂冲洗，也可弃之，以免得不偿失。若结晶较多，则取出滤纸，用刮刀刮回原瓶中，再加适量溶剂(也可待滤液稍冷后，倒出适量上层清液作溶剂，可避免溶剂用量过多)加热溶解、过滤。滤毕，将滤液瓶加盖。

热过滤是重结晶提纯法中较难做的一步，要做好这一步必须做充分的准备。动作要紧张有序、稳而不乱。

4) 结晶的析出

将上述滤液静置、自然冷却，不要振荡或搅拌，让结晶慢慢析出。结晶的粗细与冷却速度有关。一般迅速冷却并搅拌，往往得到粉末状晶体，表面积较大，表面吸附杂质较多。如将热滤液慢慢冷却，析出的结晶较大，表面积较小，但往往有母液和杂质包裹在结晶内部，因此要得到纯度高、结晶好的产品，还要摸索冷却的速度。但一般只要自然冷却到室温即可。有时遇到放冷后仍无结晶析出，此时可在器壁用玻璃棒摩擦或投入该化合物的结晶作为晶种，以供给定型晶核，使晶体迅速形成。也可将过饱和溶液置于冰箱内降温，以促使晶体析出。

5) 结晶收集和洗涤

析出的晶体与母液分离，常用布氏漏斗进行减压过滤。具体操作参见上篇中化学实验基本操作——减压过滤。

热溶液和冷溶液的过滤都可选用减压过滤。减压过滤操作简便迅速，其缺点是悬浮的杂质有时会穿过滤纸，漏斗孔内易析出结晶，堵塞过滤孔，滤下的热溶液由于减压使沸点降低，易沸腾而被吸走。

过滤少量的晶体，可用玻璃钉漏斗，以吸滤管代替吸滤瓶(见图 2-9-3)。玻璃钉漏斗上铺的滤纸应较玻璃钉的直径稍大，滤纸用溶剂先润湿后进行吸滤。用玻璃棒或刮刀挤压使滤纸的边沿紧贴于漏斗上。

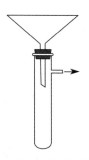

图 2-9-3 玻璃钉漏斗过滤装置

进行减压吸滤时，为了更好地将晶体与母液分开，最好用清洁的玻璃塞将晶体在布氏漏斗上挤压，并随同抽气尽量除去母液。结晶表面残留的母液，可用很少量的溶剂洗涤，这时抽气应暂时停止，打开安全阀、关闭抽气泵，把少量溶剂均匀地洒在布氏漏斗内的滤饼上，使全部结晶刚好被溶剂覆盖为宜，用玻璃棒或不锈钢刮刀搅松晶体(勿把滤纸捅破)，使晶体润湿，稍候片刻，再抽气把溶剂抽干。如此重复两次，就可把滤饼洗涤干净。

从漏斗上取出结晶时，为了不使滤纸纤维附于晶体上，常将结晶与滤纸一起取出，待干燥后用刮刀轻敲滤纸，结晶即全部下来。也可以将布氏漏斗翻转，倒置于表面皿上，稍稍提起一点，从漏斗口用洗耳球压气使结晶和滤纸一起落在表面皿上，再将晶体摊开，晾干后将沾在滤纸上的一小部分晶体敲下来。

6) 干燥、称量、测定熔点

吸滤后的结晶，因表面还有少量溶剂，为保证产品的纯度，必须充分干燥。根据产品的性质，可采用不同的干燥方法，如自然晾干、红外灯烘干和真空恒温干燥等。

将充分干燥的结晶称量、测熔点，计算产率。如果纯度不符合要求，可重复上述操作，直至纯度符合为止。

2. 重结晶提纯操作

1) 用水重结晶提纯苯甲酸

(1) 制备热溶液：称取 3 g 粗苯甲酸，放入 150 mL 烧杯中，加入 80 mL 水和两粒沸石，盖上表面皿(表面皿的弯月面在下,使冷凝液滴回烧杯中),在石棉网上用电炉加热至沸,必要时用玻璃棒搅拌,使固体加速溶解。若仍有固体,可补加少量热水,每次 3~5 mL,若补加溶剂并加热至沸腾后不溶物仍未减少,则固体可能是不溶性杂质,这时可不再添加溶剂。总之溶剂的用量应比沸腾时饱和溶液所需量适当多一些(通常为 15%~20%)。将烧杯移离热源,稍冷后加入少许活性炭(1/3~1/2 骨匙),稍加搅拌后盖上表面皿(防止溶剂大量挥发),继续加热微沸 5~10 min。再将开水灌入保温漏斗,准备热过滤。

(2) 趁热过滤:在准备好的保温漏斗中放一预先折好的折叠滤纸,将上述热溶液分 2~3 次迅速滤入 150 mL 烧杯中。取出滤纸,用清洁的玻璃棒将漏斗颈部的结晶捅下。

(3) 结晶分析:滤毕,滤液在室温下放置,让其慢慢自然冷却,当晶体大部分析出后,可用冷水浴冷却,让结晶充分析出。

(4) 结晶收集和洗涤:进行减压过滤,用玻璃塞挤压结晶。拔去吸滤瓶上的橡皮管,关闭水泵,用冷水洗涤结晶再接上橡皮管继续吸滤,用玻璃塞挤压,吸滤至干。

(5) 干燥、称重、测熔点:取出结晶置于表面皿上晾干,称重,计算回收率,测定熔点。

2) 用 70%乙醇重结晶萘

(1) 制备热溶液:在装有回流冷凝管的 100 mL 圆底烧瓶中,加入 3 g 粗萘,再加入 20 mL 70%乙醇,最后加入 1~2 粒沸石,接通冷凝水后,在水浴上加热至沸腾,并不时振摇瓶中物,以加速溶解。若所加的乙醇不能使粗萘完全溶解,则应从冷凝管上端继续加入少量 70%乙醇,每次加入乙醇后应振摇,待完全溶解后,再多加几毫升。撤去火源,移出水浴,稍冷后加入少许活性炭,稍加摇动,再重新在水浴上加热煮沸数分钟。

(2) 趁热过滤:趁热用热水漏斗和折叠滤纸过滤,滤液收集在干燥的 100 mL 锥形瓶中(过滤时应移去火源)。

(3) 结晶析出、收集和洗涤:滤液待其冷却,结晶析出后减压过滤(滤纸应先用 70%乙醇润湿、吸紧)。用玻璃塞挤压,尽量把母液吸干。拔去吸滤瓶上的橡皮管,关闭水泵,用少量 70%乙醇洗涤结晶,再接上橡皮管继续吸滤,用玻璃塞挤压,吸滤至干。

(4) 干燥、称重、测熔点:取出结晶置于表面皿上晾干,称重,计算回收率,测干燥后萘的熔点。

注意:

① 回流装置是实验中常用的装置,主要用于需要保持沸腾时间较长的反应、重结晶及固-液萃取等方面,其作用为使蒸气不断地在冷凝管内冷凝而返回圆底烧瓶,防止溶剂逃逸损失。按实验要求不同有普通回流冷凝装置、干燥回流冷凝装置以及气体吸收回流冷凝装置等。回流冷凝管一般用球形冷凝管,冷凝管夹套内自上而下通入冷气,使夹套内充满水,水流速度只要能使蒸气充分冷凝即可。加热的程度也要控制,使冷凝管内上升蒸气的高度不超过冷凝管的 1/3 为宜。

② 滤纸的折叠方法:如图 2-9-4 所示,将圆滤纸折成半圆形,再对折成圆形的 1/4,以 1 对 4 折出 5,3 对 4 折出 6,如图(a)所示;1 对 6 和 3 对 5 分别再折出 7 和 8,如图(b)所示;然后以 3 对 6,1 对 5 分别折出 9 和 10,如图(c)所示;最后在 1 和 10,10 和 5,5 和 7……9 和 3 间各反向折叠,稍压紧如同折扇,如图(d)所示;打开滤纸,在 1 和 3 处各向内折叠一个小折面,如图(e)所示。折叠时在近滤纸中心不可折得太重,因该处最易破裂,

使用时将折好的滤纸打开后翻转，放入漏斗。

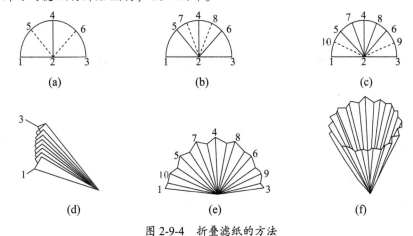

图 2-9-4 折叠滤纸的方法

③ 萘的熔点比 70%乙醇的沸点低，当加入不足量的 70%乙醇加热至沸腾后，萘呈熔融状态而非溶解，这时应继续加溶剂直至完全溶解。

五、思考题

(1) 重结晶提纯固体有机化合物，有哪些主要步骤？简要说明各步骤的目的。

(2) 重结晶所用的溶剂为什么不能太多，也不能太少？如何正确控制溶剂的用量？

(3) 活性炭为什么要在固体物质全溶后加入？为什么不能在溶液沸腾时加入？

(4) 如何证明重结晶后的产物是纯净的？

(5) 停止抽滤后，发现水倒流入吸滤瓶中，这是什么原因所引起的？

实验 10　乙酸乙酯的制备

一、目的要求

(1) 通过乙酸乙酯的制备加深对酯化反应的理解。

(2) 掌握乙酸乙酯的合成、洗涤、分离和提纯原理及操作。

二、实验原理

主反应：$CH_3COOH + CH_3CH_2OH \underset{浓 H_2SO_4}{\overset{120℃\sim125℃}{\rightleftharpoons}} CH_3COOC_2H_5 + H_2O$

副反应：$2CH_3CH_2OH \underset{浓 H_2SO_4}{\overset{140℃}{\rightleftharpoons}} CH_3CH_2OCH_2CH_3 + H_2O$

酸与醇作用生成酯和水的反应称为酯化反应。酯化反应是一个可逆反应，反应进行到一定程度后达到动态平衡。可以通过控制原料配比，使其中一种原料过量或使产物脱离反应体系等方法，增加产物的产量。此外，还常选择适宜的反应温度、时间、催化剂和加料速度使主要产物达到最高产率。

本实验为了提高产量，可加入过量的乙醇，并将刚生成的乙酸乙酯立即蒸出。同时加入过量的硫酸，硫酸除了作催化剂，还有吸水作用，有利于反应正向进行。

三、主要仪器与试剂

(1) 仪器：125 mL 三口烧瓶、60 mL 滴液漏斗、125 mL 分液漏斗、20 mL 量筒、50 mL 蒸馏烧瓶、直形冷凝管、150℃或200℃温度计、50 mL 锥形瓶、400 mL 烧杯、酒精灯或电热套、铁夹、台天平、接引管。

(2) 试剂：95%乙醇(化学纯)、浓硫酸(化学纯)、冰醋酸(化学纯)、碳酸钠饱和溶液、氯化钙饱和溶液、饱和食盐水、无水硫酸镁或无水硫酸钠。

四、实验内容

1. 乙酸乙酯粗产品的合成

如图 2-10-1 所示装配仪器。三口烧瓶底部与石棉网之间留 0.3 cm 的间隙，以形成空气浴。三口烧瓶的中间口安装 75°的玻璃弯管或蒸馏头，另两口分别插入滴液漏斗和温度计。滴液漏斗活塞的手柄应安在里侧(靠中间口一侧)，以免松动或脱落造成漏液。漏斗颈末端及温度计水银球均应浸入液面以下，距瓶底 0.5～1 cm 处。玻璃弯管或蒸馏头的支管与直形冷凝管连接，再连上接引管和锥形瓶。

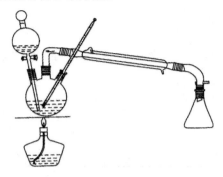

图 2-10-1 乙酸乙酯制备装置

在 125 mL 三口烧瓶中加入 12 mL 95%乙醇，分 5、6 次加入 12 mL 浓硫酸(每次约 2 mL)，边加边摇，待溶液充分混合均匀，再加入 2～3 粒沸石。

将 12 mL 95%乙醇和 12 mL 冰醋酸(约 12.6 g，0.21 mol)混合溶液，通过 60 mL 滴液漏斗滴入三口烧瓶内 3～4 mL(漏斗上口颈部小孔要对准顶部活塞小孔，或用小纸片卡在塞口之间，为什么?)。

将三口烧瓶在石棉网上用小火加热，当三口烧瓶中的溶液反应温度升到 110℃时，将乙醇与冰醋酸的混合液从滴液漏斗中逐滴滴入瓶内，控制滴入的速度为每 3～4 s 一滴，待有馏出液后，控制混合液滴入的速度与馏出液(粗产品)馏出的速度大致相等，保持温度在 118℃～122℃之间，直至滴加完毕。

混合液滴加完毕后，关闭滴液漏斗的活塞，继续加热，直到温度升至 130℃，待无馏液馏出时停止加热，反应残液要妥善处理，因为残液有毒。

2. 乙酸乙酯粗产品的提纯

在盛有粗产品的锥形瓶中慢慢加入碳酸钠饱和溶液，边加边摇动边用 pH 试纸试验，直至酯层呈中性(需 6～12 mL)。将混合液移入分液漏斗，充分振摇(注意放气)后放在铁圈上静置。待界面清晰后分去下层水溶液，保留上层溶液(含什么物质)。观察分层的界面时不可将分液漏斗举高抬头仰视，应将其置于眼睛平视线的下方，略向下俯视才能看清楚界面。

留在分液漏斗内的酯层用 10 mL 饱和食盐水洗涤，充分振摇、静置，分去下层液(含什么物质)。上面的酯层再用饱和氯化钙溶液洗涤(洗去什么物质)，每次用 10 mL，洗 2、3 次，弃去下层熔液(注意：最后一次分液时下层的水溶液一定要分离干净)，酯层自漏斗的上口倒入干燥的 50 mL 锥形瓶中。

经洗涤并分去水层的粗产品仍含有水分，必须进行干燥处理，加少量无水硫酸镁(粉状固体)，振摇锥形瓶，如果发现硫酸镁全部附着于瓶底，则说明干燥剂用量不够，需补加，直至有少量粉状固体随锥形瓶振摇而流动为止。静止后液体是清澈的，若混浊不清同样说明干燥剂用量不够。塞好瓶口，放置片刻，间歇振摇，约 20 min 后进行下一步操作。

将干燥的粗乙酸乙酯通过一小团脱脂棉滤入干燥的 30 mL 蒸馏烧瓶中，加 1、2 粒沸石，在水浴上进行蒸馏。装置如图 2-8-2 所示。收集 73℃～78℃的馏分，量取体积，计算产率。

操作要领：

(1) 进行酯化反应的玻璃仪器要尽量干燥，额外引入水分对反应不利。

(2) 浓硫酸与乙醇要混合均匀，否则易引起底部温度过高，使乙醇由底部开始迅速大量碳化而不利于反应。

(3) 混合物滴加的速度要控制好。

(4) 随时调节酒精灯火焰，温度控制在 120℃ 为最佳。要使反应液保持良好的沸腾状态。

(5) 粗产品的洗涤、干燥必须充分，否则前馏分多时会影响实际产率。

纯乙酸乙酯是具有果香的无色液体，沸点为 77.1℃，密度为 0.9003 g·mL^{-1}。

注意：

① 本实验所采用的酯化方法，仅适用于合成一些沸点较低的酯类。优点是反应能连续进行，用较小容积的反应瓶制得较大量的产物。对于沸点较高的酯类，若采用相应的酸和醇回流加热来制备，常常不够理想。

② 滴液漏斗长颈的末端浸在液面下可使反应物直接滴入反应体系内部，使之充分酯化。若滴液漏斗长颈末端在反应物液面上，由于其密度较小、沸点较低未能进入反应体系内就被蒸馏出去，造成酯化反应不充分而影响产率。

③ 当温度升至 110℃ 以后开始滴加混合液，速度为每 3～4 s 一滴，直至有馏出液馏出。滴加速度不能太快，温度控制在 125℃ 以内，也不能等到有馏出液馏出再滴加，那样易使温度超过 125℃ 甚至达 140℃～160℃ 也无馏出液。因此滴加要有耐心，7～8 min 后才能有馏出液。漏斗的活塞处不能漏液，滴在石棉网上极易引起火灾。

④ 混合液滴入的速度太快，会使醋酸和乙醇来不及作用就被蒸出，而且反应液的温度会迅速下降；太慢时温度易偏高，导致乙醚的产量增加。

⑤ 饱和碳酸钠溶液不要加过量，呈碱性时可加速酯的水解，因此要多用 pH 试纸作检验。加饱和碳酸钠溶液是为了除去未反应的乙酸。

⑥ 碳酸钠必须洗去，否则下一步用饱和氯化钙溶液洗去乙醇时，会产生絮状的碳酸钙沉淀，造成分离困难，故在两步之间必须用水洗一下。为了减少酯在水中的溶解(每 17 份水溶解 1 份乙酸乙酯)，故这里用饱和食盐水洗。

⑦ 氯化钙与乙醇可形成配合物，故可以除去乙醇。可见乙醇的干燥不能用氯化钙作干燥剂。

⑧ 干燥剂必须除去才能蒸馏，以免在蒸馏过程中释出吸收的水分；脱脂棉不能多用，以免吸附过多的乙酸乙酯。

⑨ 乙酸乙酯与水或醇能形成二元或三元共沸物，其组成及沸点如表 2-10-1 所示。

表 2-10-1　乙酸乙酯共沸物的沸点

沸点/℃	组成/%		
	乙酸乙酯	乙醇	水
70.2	82.6	8.4	9.0
70.4	91.9		8.1
71.8	69.0	31.0	

由上表可知，若洗涤不净或干燥不够，都可使沸点降低，增加前馏分，影响产率。

五、思考题

(1) 本实验中若采用醋酸过量，是否合适？为什么？

(2) 能否用氢氧化钠溶液代替饱和碳酸钠溶液，用水代替饱和氯化钙溶液来洗涤？为什么？

(3) 在酯化反应中，用作催化剂的硫酸量，一般只需醇质量的 3% 就够了，这里为何用 12 mL？

(4) 酯化反应有什么特点？在实验室中如何创造条件促使酯化反应尽量向生成物方向进行？

(5) 粗产品经过洗涤、干燥、纯化后为何还要进行蒸馏提纯？

实验 11　色谱法——柱色谱法

一、目的要求

(1) 了解柱色谱法基本原理和应用。

(2) 学习柱色谱法的操作方法。

二、实验原理

柱色谱法又称柱上层析法，简称柱层析，以 CC 表示。它是分离混合物和提纯少量物质的有效方法。按分离作用性质的不同，可分为吸附色谱、分配色谱和离子交换色谱。

吸附色谱也称固(固定相)-液(流动相)吸附色谱。常用氧化铝或硅胶为吸附剂，装入柱内作固定相；以单一溶剂或混合剂为洗脱剂，从柱顶部加入作流动相。在流动相流经固定相时，样品中各组分在吸附剂表面发生无数次的吸附—脱附—再吸附的过程。吸附剂的吸附作用与洗脱剂的脱附作用也不断达成平衡，被吸附较弱的组分随洗脱剂下移较快，较早到达柱的下部；而被吸附较强的组分随洗脱剂下移较慢，仍处于柱的上部或中部。若各组分有不同的颜色，便以不同的色带分布在柱子的不同部位。按色带流出的先后顺序分别收集，即可将它们分开。

分配色谱与液-液连续萃取法相似。它是利用混合物各组分在两种互不相溶的液相间的分配系数不同而进行分离。

离子交换色谱是基于溶液中的离子与以离子交换树脂作为吸附剂表面的离子之间相互作用，使有机酸、碱或盐类得到分离。

三、主要仪器与试剂

(1) 仪器：色谱柱(或用 25 mL 滴定管代替)、分液漏斗、烧杯、研钵、锥形瓶、玻璃漏斗、量筒、台天平、剪刀、滤纸。

(2) 试剂。

① 菠菜叶色素的柱色谱法所需试剂：丙酮(分析纯)、层析氧化铝(150~160 目)、石油醚(沸程 60℃~90℃)、无水硫酸镁(分析纯)、菠菜、石英砂，饱和氯化钠溶液。

② 黄杨叶中胡萝卜素的柱色谱法所需试剂：乙醇、石油醚、乙酸乙酯、无水硫酸钠、氧化铝(试剂均为分析纯)、石英砂。

四、实验内容

1. 吸附剂的选择

常用的吸附剂有氧化铝、硅酸、氧化镁、碳酸钙和活性炭等。一种理想的吸附剂应具备以下条件：

(1) 能可逆地吸附待分离的物质。

(2) 与待分离的物质、洗脱剂均不发生化学反应。

(3) 粒度的大小应以使洗脱剂以均匀的流速通过色谱柱为佳。若颗粒太小，表面积大，吸附能力强，但洗脱剂的流速太慢；若颗粒太大，流速快，但分离效果差。若为氧化铝，则以通过 100～150 目筛孔为宜。

(4) 最好是白色的，以便对色带进行观察。例如氧化铝和硅胶均能符合以上要求。

硅胶是实验室应用最广的吸附剂，由于它略带酸性，能与强碱性有机物发生作用，所以适用于极性较大的酸性和中性化合物的分离。

氧化铝的极性比硅胶大，一般适用于极性较小的化合物的分离。氧化铝通常有三种规格：

① 碱性氧化铝(pH = 9)，即化学纯氧化铝或市售色谱用的碱性氧化铝，适合于分离碳氢化合物、生物碱和胺类；

② 中性氧化铝(pH = 7.5)，它可用下述方法处理得到：将碱性氧化铝用 5%～10%盐酸浸泡 1 h，然后用蒸馏水洗至无氯离子为止。干燥后在 180℃～200℃下活化。适用于分离中性化合物以及对酸性或碱性吸附剂不稳定的化合物；

③ 酸性氧化铝(pH = 3.4～4.5)，它可按下法得到：将碱性氧化铝加 3 mol·L^{-1}盐酸搅拌、过滤，滤饼用蒸馏水洗至使石蕊试纸显微酸性为止。干燥后于 180℃～200℃下活化，适用于氨基酸和羧酸的分离。

吸附剂的活性与其含水量有关，大多数吸附剂都有较强的吸水作用，而且水又不易被其他化合物置换，因此含水量低的吸附剂活性较高。氧化铝的活性分为 5 级，见表 2-11-1。

表 2-11-1 吸附剂活性与含水量关系

活性等级	I	II	III	IV	V
氧化铝加水量/%	0	3	6	10	15
硅胶加水量/%	0	5	15	25	38

化合物的吸附性与分子的极性有关，分子极性越强，吸附能力越大。氧化铝对各类化合物的吸附性按以下次序递减：

酸、碱＞醇、胺、硫醇＞酯、醛、酮＞芳香族化合物＞卤代物、醚＞烯＞饱和烃

2. 溶剂和洗脱剂的选择

一般把溶解样品的试剂称为溶剂，把用来洗色谱柱的试剂叫洗脱剂或淋洗液，两者常为同一物质。在选择时可根据样品中各组分的极性、溶解度和吸附剂的活性等来考虑，且经常凭经验决定。

洗脱剂的极性大小对混合物的分离影响较大，极性越大，洗脱能力(或展开能力)越强，

那么化合物随洗脱剂下移就越快。因此所用的洗脱剂应从极性小的开始，然后逐渐增加极性。也可以使用混合溶剂(极性介于两种极性不同的单一溶剂之间)，并采取逐步增加极性较大溶剂的比例，使吸附强的组分洗脱下来。有时还可以采用梯度淋洗法，即在洗脱过程中，连续改变洗脱剂的组成，使溶剂极性逐渐增加，这样洗脱可使样品中组分在较短时间内分离完毕。常用的洗脱剂按洗脱能力增加的顺序排列如下：石油醚、环己烷、四氯化碳、苯、二氯甲烷、乙醚、氯仿、乙酸乙酯、吡啶、丙酮、乙醇、甲醇、水、醋酸。极性溶剂对于洗脱极性化合物是有效的，反之非极性溶剂对洗脱非极性化合物是有效的。

3. 色谱柱的装填

柱体一般用透明玻璃做成，便于观察。柱下端的玻璃活塞一般不涂凡士林，以免污染洗脱液。柱子的大小视处理量而定，长径比一般为 7.5：1，色谱柱若做成磨口的更便于使用。

先将柱子垂直地固定在铁架台上，下端铺一层脱脂棉(或玻璃棉)。为了保持平整，可在脱脂棉上铺一层干净的细沙或石英砂(约 5 mm 厚)。柱色谱法装置如图 2-11-1 所示。

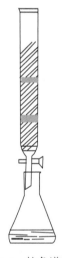

图 2-11-1　柱色谱法装置

装柱有干装法和湿装法两种。

(1) 干装法：在柱的上端放一玻璃漏斗(干燥)，使吸附剂经漏斗成一细流，慢慢注入柱中，并用橡皮锤或带橡皮塞的玻璃棒轻轻敲击柱壁，使装填均匀，直至吸附剂的高度为柱长的 3/4(或为老师指定的高度)，然后再铺一层沙子或用小的圆形滤纸覆盖(滤纸的直径与柱子内径同)，以防止加入的液体冲动吸附剂平整的表面。这种干装法还要沿管壁慢慢地倒入洗脱剂，使吸附剂全部润湿，并略有多余，这一步操作称为洗柱子。在加洗脱剂之前应将下端活塞打开，使柱内的空气随着洗脱剂的下移被驱赶出来，若暂不进行下一步操作，则应关闭活塞，使吸附剂的顶面(包括滤纸片在内)处于洗脱剂液面之下。上述的装柱法在洗柱子时易产生气泡，吸附剂也可能发生溶胀，为了克服这些缺点，通常先将洗脱剂加入柱内至确定的高度，然后打开下端活塞，使洗脱液缓缓流出，再将吸附剂通过漏斗慢慢加入，同时轻轻敲击柱身，待完全沉降后再铺一层细沙或盖一圆滤纸片，使滤纸片处于洗脱剂的液面之下。若暂不进行下一步操作应先关闭活塞，以免使吸附剂的顶面超出液面的干裂，影响分离效果。

(2) 湿装法：在柱内装入一定高度的洗脱液，把下端活塞打开，使洗脱剂一滴一滴地流出，然后将已调制成糊状的洗脱剂和吸附剂的混合物，慢慢地连续不断地倒入柱内，并轻轻敲击柱身，待完全沉降且高度不再变化，吸附剂顶部处于洗脱剂液面之下后，再加一层细沙或少许棉花，棉花上另加一圆形滤纸，以保护吸附剂顶面的平整。这种方法比干装法好，因为它可以把夹留在吸附剂内的空气全部赶出，使吸附剂均匀地装填在柱内。

4. 加样与洗脱

将多余的洗脱剂自下端放掉，使洗脱剂液面刚好接近吸附剂顶面，立即关闭活塞。将样品溶于少量极性小的溶剂中(一般每克样品所用溶剂不超过 10~15 mL)，小心沿管壁加入柱中，切勿使吸附剂冲松浮起，使顶面凹凸不平，影响色带的整齐性。加完后打开活塞，直至液面接近吸附剂顶面(相差约 1 mm)时关闭活塞。再沿柱壁加入少量溶剂(1 mL 以内)，以淋洗沾在壁上的样品，再打开活塞放掉溶剂直至液面接近吸附剂顶面，如此重复几次，使样品全部进入柱内，方可用洗脱剂洗脱。

洗脱剂的流速以 1~2 滴/s 为宜，不宜过快，否则柱中的吸附-脱附过程来不及达成平衡，只是洗脱剂"匆匆而过"，并未带下多少待分离的物质，造成洗脱剂用量不小，分离的效果却不好。若洗脱剂流速过慢，可以采用上部加压或下部减压的方法，但同样不宜过快。若用洗耳球加压，捏球时应渐渐将球捏紧、捏瘪，再将瘪球提起，应注意勿使球体回弹，导致吸附剂被吸松动，出现断层，沟漏，严重影响分离效果。

另外洗脱过程中必须及时加液，防止吸附剂顶面超过洗脱剂液面而干裂，因为干裂后再加溶剂常常使柱内产生气泡或裂缝，其后果不言而喻。

洗脱液的收集通常采用等体积收集法(等分收集法)，若有色带可根据色带分别收集之。所得洗脱液可用薄层色谱或纸色谱做进一步的分离、鉴定。

5. 菠菜叶色素的柱色谱法

1) 菠菜叶色素的提取

称取 2 g 菠菜叶(如果是冷冻的，解冻后包在滤纸中吸干水分)，剪成碎片，放在研钵中加 2 mL 丙酮一起捣烂。过滤除去滤渣，将滤液移至分液漏斗中，加 10 mL 石油醚。为防止形成乳浊液，可适当加一些饱和氯化钠溶液(5~10 mL)一起振荡，静置，分去水层，用 50 mL 蒸馏水洗涤。将绿色的有机层移入 50 mL 干燥的锥形瓶中，加 2 g 无水硫酸镁干燥，备用。

2) 装柱

将洗净烘干的色谱柱垂直固定在铁架上(见图 2-11-1)。按实验内容 3 中的色谱柱的装填的干装法，将 10 g 已活化氧化铝和适量溶剂丙酮装好柱子，备用。

3) 加样洗脱

将色谱柱的活塞打开放去多余的溶剂丙酮，在丙酮液面只高出吸附剂顶面约 1 mm 时，关闭活塞，按柱色谱的加样方法加 1 mL 试样，直至样品全部进入柱子，关闭活塞。

在柱顶端装一滴液漏斗，内盛 10~15 mL 体积比为 1：9 的丙酮-石油醚混合物。打开漏斗活塞，让混合液(即洗脱剂)缓缓滴入柱中(刚开始时应沿柱内壁缓慢淌下，以防止吸附剂顶面松动浮起),当洗脱剂液面高出吸附剂顶面约 2 cm 时,打开层析柱下端活塞,使洗脱剂以 1～2 滴/s 的速度滴下,调节混合液滴加的速度,使之与下面洗脱剂流出的速度大致相等,待有黄色谱带出现,并逐渐下移到柱子中间时,改用 1∶1 丙酮-石油醚混合液洗脱,观察色带的出现,根据颜色收集洗脱剂 4～5 份。

黄色谱带容易消失,须及时观察。从菠菜中得到的色素下移次序如下:

(1) α 和 β 胡萝卜素(叶红素)$C_{40}H_{56}$,黄绿色;

(2) 叶绿素 A,$C_{55}H_{72}MgN_4O_6$,绿色;

(3) 叶绿素 B,$C_{55}H_{70}MgN_4O_6$,黄绿色;

(4) 三种黄质,$C_{40}H_{56}O_4$,黄色。

注意:

① 捣烂菠菜的时间不宜过长,5～10 min 即可。丙酮易挥发,可适量补加。

② 如果不分层或分层不明显,可再加少量饱和氯化钠溶液。

③ 可用石油醚为溶剂。

④ 为了得到较好的结果,可将各段洗脱剂进行薄层色谱分析。

6. 黄杨叶中胡萝卜素的柱色谱法

1) 黄杨叶色素的提取

称取 3 g 洗净后用滤纸吸干的新鲜黄杨树叶,剪碎并混入少量石英砂,加入 5 mL 乙醇拌匀,在研体中研磨。先用 10 mL 乙醇提取,再加 10 mL 石油醚分两次提取,每次提取液经过塞有少量棉花的玻璃漏斗转移到 60 mL 分液漏斗中,合并提取液。在分液漏斗中用 20 mL 水分两次洗涤,弃去水层,石油醚层用少量无水硫酸钠干燥(15 min),再把石油醚层经塞有棉花的玻璃漏斗转移到带支管的试管内。将此试管加热,减压浓缩(用 40℃～50℃水浴、水泵)到 0.5 mL 左右,留作柱层析和薄层层析用。

2) 装柱

按实验内容(3)中的干装法,用 10 g 氧化铝和适量石油醚装柱,使柱内氧化铝的高度为 10～15 cm。氧化铝柱顶面保持水平,并在石油醚液面之下,关闭层析柱的活塞待用。

3) 加样洗脱

打开层析柱的活塞,使石油醚液面下降至仅高出氧化铝(吸附剂)顶面 1 mm 时,关闭活塞。用滴管将黄杨叶色素浓缩液沿柱内壁小心加到层析柱顶部,加完后打开活塞,让液面下降至柱顶面以上 1 mm,关闭活塞。加数滴石油醚淋洗柱内壁的试样,重复几次,淋洗干净后打开活塞,使液面下降至原位,试样全部进入吸附剂顶部,关闭活塞。

在柱顶端装一分液漏斗,内盛 15 mL 洗脱剂($V_{石油醚}∶V_{乙酸乙酯}=6∶4$),沿内壁滴加适量洗脱剂,使液面高出吸附剂顶面 2 cm,然后打开层析柱的活塞,使洗脱剂以 1～2 滴/s 的速度流出,顶端分液漏斗内混合液的滴加速度应调整至 1～2 滴/s,使上下速度大致相等。柱下端用小试管收集,等第一组分(黄色)即将流出时,取一干净小试管收集。所得黄色溶液稀释至 3 mL,即可用分光度法测定。

4) 测定

用 751 型分光光度计中 0.5 cm 比色皿比色,比色时用石油醚作空白,测定 400～700 nm

范围的吸收，制表并以吸光度为纵坐标，波长为横坐标作图，可得该化合物的吸收峰。

7. 甲基橙与亚甲基蓝的分离

1) 装柱

用干装法将氧化铝装入柱内，其高度为5～6 cm。操作方法及要求详见实验内容3。

2) 洗柱

用乙醇洗柱子，方法及要求详见实验内容3中(1)干装法。

3) 加样

将1 mL甲基橙-亚甲基蓝试液加入柱内，方法及要求详见实验内容4。

4) 洗脱

先以乙醇洗脱亚甲基蓝，待蓝色谱带基本洗脱后改用水洗脱甲基橙，根据色谱带分别收集两份洗脱剂。用水洗甲基橙时，若洗脱剂流出的速度过慢，可用洗耳球在柱顶稍加压；若黄色谱带下移过慢，可在水中加些饱和碳酸钠，以增加水的极性，提高洗脱速度。每50 mL水中加1～2 mL饱和碳酸钠溶液。也可以两种方法并用，其效果更佳，但流速应以1～2滴/s为宜，切勿过快，否则"欲速则不达"，效果不好。具体方法及要求详见实验内容4。

将收集的甲基橙、亚甲基蓝流出液分别倒入量筒，测其体积，记录读数。收集的乙醇流出液和亚基蓝流出液均回收。氧化铝用低压水压出，集中处理，可循环使用。

8. 安全指南

(1) 丙酮和乙醇是挥发性易燃溶剂、低毒性。

(2) 石油醚是高度易燃、低毒性。

五、思考题

(1) 洗脱剂的流速过快或太慢时，对分离效果有什么影响？

(2) 为什么极性大的组分要用极性大的洗脱剂洗脱？如何选择合适的洗脱剂？

(3) 装柱时，柱中有气泡、裂缝，或吸附剂填装不匀对分离效果有何影响？

(4) 柱内吸附剂顶面为何要保持水平，并处于洗脱剂液面之下？

实验 12　色谱法——薄层色谱法

一、目的要求

(1) 了解薄层色谱法基本原理和应用。

(2) 学习薄层色谱法的操作方法。

二、实验原理

薄层色谱法也称薄层层析法，简称 TLC，其原理与柱色谱法相同。与柱色谱法相同，薄层色谱法也常用硅胶或氧化铝为固定相(吸附剂)，不过不是装在玻璃柱中，而是铺在玻璃板上制成薄层板，将试样点(或滴加)在板的下端(起始线上)，以流动相(展开剂)沿薄层面上行，即通过固定相进行展开，在展开过程中试样的各组分在两相间发生无数次的吸附和解吸过程，其中与固定相亲和力较强(极性较大) 的组分随展开剂上移的速度较慢，落在板的下部或中部；反之，与固定相亲和力较弱(极性较小)的组分随展开剂上移较快，到达板的上部，从而将不同的组分分开，达到分离之目的。

如果各组分本身有颜色，则薄层板烘干后会出现高低不同的斑点；如本身无色，则可用不同方法使之显色。在一定的实验条件下，一种组分上移的距离与展开剂上移的距离(起点均从原点中心算起，如图 2-12-1 所示)之比对这一种组分而言是一特定值，以 R_f 表示之，称为比移值。即：

$$R_f = \frac{原点中心到斑点中心的距离}{原点中心到展开剂前沿的距离} = \frac{起始线到斑点中心的距离}{起始线到前沿线的距离}$$

$$R_{f_A} = \frac{3\ \text{cm}}{10\ \text{cm}} = 0.3\ ,\quad R_{f_{B1}} = \frac{3\ \text{cm}}{10\ \text{cm}} = 0.3\ ,\quad R_{f_{B2}} = \frac{7\ \text{cm}}{10\ \text{cm}} = 0.7\ ,\quad R_{f_C} = \frac{7\ \text{cm}}{10\ \text{cm}} = 0.7$$

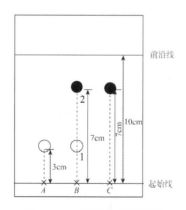

图 2-12-1　薄层色谱展开图

应当指出，利用 R_f 值对两个化合物作推测性的定性鉴定时，必须在完全相同的实验条件下，如吸附剂和展开剂的种类、层析时的温度和薄层的厚度等。最好用标准物质对照，在同一块板上展开，因为同一物质只有在相同的实验条件下才具有相同的 R_f 值。

如图 2-12-1 所示，A 和 C 为标准样，B 为未知样(混合物)，通过薄层层析可以初步确定混合物 B 含有 A 和 C 两种组分，因为相应斑点的 R_f 值完全相同。即 $R_{f_A} = R_{f_{B1}} = 0.3$；$R_{f_C} = R_{f_{B2}} = 0.7$。

薄层色谱法设备简单，分离快捷，样品耗量少，很适合于少量化合物的分离、鉴定；另外也用于监控反应进程、作柱色谱的先导(摸索最佳条件)和跟踪(对分离物做进一步的分离、鉴定)。

三、实验仪器与试剂

(1) 仪器。

① 黄杨叶色素的薄层色谱法所需仪器：层析缸、玻璃板(2 cm × 8 cm)、研钵、毛细管、小烧杯、电吹风、滤纸、铅笔、直尺。

② 葡萄糖和乳糖混合物的薄层色谱法所需仪器：层析缸、玻璃板(5 cm × 15 cm)、研钵、电吹风、毛细管、小烧杯(盛放试样)、喷雾器、铅笔、直尺。

(2) 试剂。

① 黄杨叶色素的薄层色谱法所需试剂：硅胶 G、0.5%～1% CMC 水溶液、展开剂 ($V_{石油醚}：V_{乙酸乙脂} = 6：4$)(分析纯)。

② 葡萄糖和乳糖混合物的薄层色谱法所需试剂：葡萄糖、乳糖、葡萄糖-乳糖混合液、展开剂($V_{正丙醇}：V_{水} = 17：3$)、显色剂(α-萘酚-硫酸试剂)(均为分析纯)。

四、实验内容

1. 仪器与试剂的准备

(1) 仪器：薄层板、点样器、层析缸。

薄层涂铺器涂铺的薄层板通常以玻璃板为基板，根据样品的用量和组成情况确定其大小。通常的规格为：5 cm × 10 cm，5 cm × 20 cm，10 cm × 20 cm，20 cm × 20 cm 等，也有小如显微镜的载玻片(2.5 cm × 7.5 cm)。点样器可用内径小于 1 mm 的毛细管(做定性分析用)，毛细管的切口要平整光滑，若太粗可在灯焰上稍加热。做定量分析时要用微量注射器点样。层析缸可用常见的广口瓶或带有螺旋盖的广口瓶，或带有磨砂玻璃盖的生物标本缸。

(2) 试剂：吸附剂、展开剂。

硅胶和氧化铝是最常用的吸附剂。其颗粒比柱层析用的小，为 180～200 目。硅胶的分类如下：

① 硅胶 H 不含黏结剂，只是硅胶。

② 硅胶 G 含黏结剂煅石膏(G 为石膏英文名缩写)。

③ 硅胶 HF_{254} 在硅胶 H 中加荧光显示剂。

④ 硅胶 GF_{254} 在硅胶 G 中加荧光显示剂。

后两种硅胶在紫外光照射下能显示荧光。

氧化铝也有氧化铝 G、氧化铝 HF_{254}、氧化铝 GF_{254} 之分。常用的黏结剂还有羧甲基纤维素(CMC)和淀粉。加黏结剂的薄板称为硬板，薄层较牢固，可用铅笔划线写字；不加黏结剂的薄层板称为软板，不太牢固。

展开剂的选择与柱色谱法选洗脱剂相同，情况较复杂，目前大多凭经验选择，与被分离物的极性、吸附剂的活性等因素有关。

2. 硅胶 G 板的制备

(1) 倾注法：称取 6 g 硅胶 G 置于研钵中，边研磨边加入 13 mL 威者 CMC 溶液(0.5 g CMC 溶于 100 mL 蒸馏水)。调匀成糊状，倒在两块 7 cm×13 cm 的玻璃板上，手持玻璃板向各个方向倾斜，使糊状液淌满板面。再左右前后晃动，使浆液均匀平整，放平稳让其自行干燥固化。然后置于烘箱内逐渐加热至 105℃～110℃，再恒温活化 30 min，稍冷后取出，置于干燥器内备用。这样制成的薄板适用于一般的定性鉴定和混合物的分离。

(2) 浸涂法：在带旋盖的广口瓶中倒入二氯甲烷和硅胶 G(边搅拌边倒)，盖紧瓶盖，用力振荡成均匀糊状。将两块载玻璃片对齐贴紧，插入糊状物中约 5/6，以均匀的速度从浆液中抽出，让多余的浆液滴完后将两片分开，平放晾干，于 105℃～110℃活化 30 min。

(3) 平铺法：将玻璃板放平，载玻璃板两边各放一块比玻璃板厚 0.25～1 mm 的长条玻璃板，将调制成糊状的硅胶倒在玻璃板上，再用一块边缘平整光滑的玻璃板将糊状物刮平。这样一次可铺很多块，若有涂铺器则更方便。晾干后活化(见图 2-12-2)。

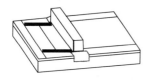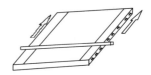

(a) 薄层涂铺器　　　　　　　　(b) 简易薄层涂铺器

图 2-12-2　薄层涂铺法示意图

3. 点样

取少量样品溶于二氯甲烷、氯仿或丙酮等挥发性溶剂中(大约配成 1%的浓度)。在距薄层板一端 1～1.5 cm 处，用铅笔画二条起始线(点样线)，用毛细管蘸一下试液，垂直并轻轻触及点样线(一触即可，切勿将薄层面刺破)。如溶液太稀，可在同一位置多点几次，但每次均要风干(用电吹风的冷风吹干，或自然晾干)后才可再次点样。点样量不宜过多，样点不宜过大，应控制其直径为 1～2 mm。若点样不符合要求，展开后的斑点将出现重叠或拖尾。若在同一起始线上点几种样，则相邻样点应保持 1～1.5 cm 的间距。一般薄层厚为 0.25～1 mm，但制备薄层色谱(用于分离提纯)的厚度为 2～3 mm，试样要点成一直线。

4. 展开

将适量的展开剂倒入层析缸中，液面高为 0.5～0.8 mm，盖紧缸盖。为了防止边缘效应(溶剂的前沿不整齐，展开时呈弧形)，最好在缸内壁衬一张被展开剂润湿的滤纸，放置 0.5 h 以上，让缸内空间为展开剂的饱和蒸气。然后将点样风干的层析板小心地倾斜浸入展开剂中，切勿使点样线图浸没(点样线距液面 0.6 cm 左右)，层析板两侧边不可触及缸壁或滤纸，上端靠壁放稳，盖紧缸盖，静置，让其自行展开。当溶剂上行到预定位置(前沿线)时取出，放平晾干，或用电吹风吹干待显色。若预先未画定前沿线，取出后立即用铅笔标出溶剂前沿的位置。注意勿让展开剂上行至薄层的上边线，更不应超过它。像这种展开剂由下往上展开的方式叫上行展开法(见图2-12-3)，也有下行展开法，单向多次展开和双向展开。

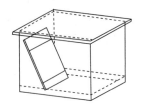

图2-12-3 上行展开法示意图

单向多次展开是在第一次展开后，有些组分没有完全分开(发现斑点重叠)，可取出板子，除去展开剂，再次展开。也可更换展开剂再度展开。

双向展开是将样品点在正方形板的一角，展开后，换一种展开剂(也可不换)，将板转90°，使第一次展开后的斑点在板的下方，再次展开，这样可得到进一步分离(见图2-12-4)。

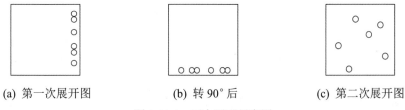

(a) 第一次展开图 (b) 转90°后 (c) 第二次展开图

图2-12-4 双向展开示意图

5. 显色

展开后若样品组分本身有颜色，可直接确定斑点位置。对于荧光物质，可在紫外灯下观察其荧光斑点；对于非荧光物质，可用荧光硅胶制成的薄层板展开，而后在紫外光照射下，绿色荧光背景将呈现暗色斑点，用铅笔描下。

实验中常常用碘蒸气显色，将薄层板置于盛有少量晶体碘的密闭容器中，许多化合物能吸附碘蒸气与碘形成分子配合物，在淡黄色的背景下显棕色。但用此法显色的斑点易褪色(碘升华)，应及时用铅笔标出斑点的形状、位置。另外也可用显色喷雾，用电吹风吹干后便能使斑点显色。若用浓硫酸为显色剂，需置烘箱中于100℃～110℃烘烤，使斑点碳化显棕色。

6. 薄层板的活性

薄层板的活性与含水量有关，它随着水量的减少而增加，一般可将活性分为Ⅱ～Ⅴ级，Ⅴ级活性最小，含水量最多；Ⅱ级活性最大，含水量最少。为了获得Ⅱ级活性，硅胶板一般要在105℃～110℃下烘30 min，而氧化铝板需在200℃～220℃烘4 h，150℃～160℃活化4 h，可得Ⅲ～Ⅴ级活性的氧化铝板。

7. 黄杨叶色素的薄层色谱法

1) 硅胶 G 板的制备

将玻璃板彻底洗净、晾干，或烘干备用。

称取硅胶 G(260 目)10 g，加入 24 mL 浓度为 0.5%～1% 的 CMC 水溶液，调成糊状物，用倾注法(详见实验内容 2)铺板 6～7 块，可供 6～7 人使用。

将晾干的薄层板置于烘箱中逐渐升温至110℃活化1 h，冷却至40℃左右取出，置于干燥器内备用。

2) 点样

从干燥器中取出薄层板，在离底边 1 cm 处划一起始线，用毛细管蘸取黄杨叶色素浓缩液，在起始线中点处点样，具体要求和方法详见实验内容 3。

3) 展开

将适量展开剂注入层析缸内，按实验内容 4 的要求和方法操作，当展开剂前沿到达离顶边约 1 cm 处取出，用铅笔标出前沿位置(或预先在离顶边 1 cm 处划定前沿线再展开)，放平晾干。

4) 求比移值

黄杨叶色素展开后即可观察到分离情况，用铅笔圈出斑点范围，找出斑点浓度最大处的中心，用尺量其距离，计算各组分(斑点)的 R_f 值，具体要求和计算公式详见薄层谱法原理部分。

8. 葡萄糖和乳糖混合物的薄层色谱法

1) 硅胶 G 薄层的制备

与黄杨叶色素的薄层层析法相同。

2) 点样

从干燥器中取出层析板，在离底边 1 cm 处划起始线，距起始线 10 cm 处划前沿线。在起始点线上分别点上 A(葡萄糖)、B(乳糖)、C(混合样)三个样点。靠边的样点距边缘 1 cm 以上，具体操作方法详见实验内容 3。

3) 展开

以 $V_{正丙醇} : V_{水} = 17 : 3$ 的混合液为展开剂展开。方法及要求详见实验内容 4。

4) 显色

用 α-萘酚-硫酸试剂作显色剂，用喷雾器喷洒在薄层板上(要均匀)，于 100℃烘烤 3～6 min 可显出蓝色斑点。

5) 计算

计算 R_f 值的具体方法详见原理部分。

9. 安全指南

(1) 石油醚极易燃，避开火焰，低毒。

(2) α-萘酚-硫酸试液不要接触皮肤，有腐蚀性，有毒。

五、思考题

(1) 什么叫 R_f 值？为什么能利用它鉴定化合物？薄层板上如显示单一斑点，能否认为它就是单一物质？为什么？

(2) 展开剂的液面高度超过了起始线，对薄层色谱有何影响？

(3) 展开后的薄层板，其溶剂的前沿线呈弧形线(两边高中间低)，是怎么造成的？斑点拖尾又是何因所致？

实验 13　色谱法——纸色谱法

一、目的要求

(1) 了解纸色谱法基本原理和应用。
(2) 学习纸色谱法的操作方法。

二、实验原理

纸色谱法又称纸上层析法，简称 PC。其实验技术与薄层色谱法有相似，但分离原理更接近于萃取，是液(固定相)-液(流动相)分配色谱。在纸色谱中，滤纸是载体，不是固定相，吸附在滤纸上的水才是固定相(纤维素的吸水率为 9%～22%)，展开剂为流动相。当色谱展开时，展开剂(溶剂)受毛细管作用，沿滤纸上升经过点样处，样品中各组分在两相中不断进行分配。由于各组分在两相中分配系数不同，导致在流动相中溶解度较大的组分随流动相移动(上行或下行)较快，离展开剂的前沿较近；而在水中溶解度较大的组分随展开剂移动较慢，离展开剂前沿较远，从而将各组分分开，其展开图与薄层色谱法相似(见图 2-11-2)。

与薄层色谱一样，纸色谱也用于有机物的分离、鉴定和定量测定。它特别适用于多官能团或极性大的化合物的分析，例如碳水化合物、氨基酸和天然色素等。只要纸的质量、展开剂和温度等条件相同，比移值(R_f 值)对于每种化合物都是一个特定的值，所以可作为各组分的定性指标。实际上由于影响比移值的因素很多，实验数据与文献记载的不完全相同，因此在测定时与标准样品对照(在同一张层析滤纸展开)，才能断定是否为同一物质。虽然纸色谱的展开时间长，但操作简便，灵敏度高，实验结果易于保存。

三、实验仪器与试剂

(1) 仪器：层析缸、层析滤纸(新华 1 号)、毛细管、铅笔、直尺、电吹风、喷雾器(或大表面皿)、剪刀、棉线。

(2) 试剂。

① 甘氨酸和亮氨酸的纸色谱法所需试剂：展开剂($V_{正丁醇}$：$V_{醋酸}$：$V_{水}$＝4：1：5 混合后的有机层)、甘氨酸(0.2 g 溶于 50 mL 水中)、亮氨酸(0.2 g 溶于 50 mL 水中)、混合样(上述甘氨酸与亮氨酸两种溶液的等量混合液)、显色剂茚三酮(0.1 g 茚三酮溶于 100 mL 乙醇中)(试剂均为分析纯)。

② 葡萄糖和木糖的纸色谱法所需试剂：1%葡萄糖溶液。1%木糖溶液。前两种糖溶液的等量混合液。显色剂为银氨溶液(0.1 mol·L^{-1}硝酸银和 5 mol·L^{-1}氨水溶液等体积混合)。

展开剂与前一个实验相同。(试剂均为分析纯)

四、实验内容

1. 滤纸的选择和准备

选择的滤纸应厚薄均匀，平整无折痕，可用新华 1～6 号或 Whatman 1 号滤纸，但通常用新华 1 号滤纸。如样品量较多，用新华 5 号滤纸。滤纸大小可自行选择，一般长 20～30 cm，宽度以样品个数多少而定。裁剪滤纸前应洗净双手，将滤纸平放在洁净的玻璃上，用铅笔和洁净的直尺划好线，按线用利刀切齐。若所切滤纸用于氨基酸的分离鉴定，切勿将滤纸折叠后用手指使劲抹出折痕，再按折痕裁剪，因这样将使样品斑点和掺杂的指印斑点同时显色，分不清正常斑点的形状和位置，干扰鉴别。为了避免上述情况，最好戴着干净手套操作，将切好的滤纸用干净的纸包好待用。

2. 展开剂的准备

展开剂要根据分离物质的性质进行选择，水是作为展开剂的一个组分，因此所有展开剂通常需事先用水饱和，以使溶液在滤纸上移动时，有足够水分供给滤纸吸附。文献上所指的展开剂如正丁醇-水是指用水饱和的正丁醇。又如 $V_{正丁醇} : V_{80\%甲酸} : V_{水} = 15 : 3 : 2$，表示三种溶剂体积比将其放在分液漏斗中充分振摇，待静置分层后，取上层的正丁醇混合液作为展开剂。

3. 点样

点样方法与薄层色谱法相似，详见薄层色谱法实验内容 3。注意溶剂前沿线以下勿触摸。

4. 展开

展开需在密闭的层析缸内进行(见图 2-13-1)。与薄层色谱法的展开类似，先将展开剂倒入层析缸，盖严缸盖，静置 30 min 左右使缸内的空气为展开剂的饱和蒸气。然后将点好样的滤纸条悬挂在缸中，盖好缸盖，滤纸的边缘切勿触及缸壁，起始线(点样线)必须高出展开剂液面 0.7 cm 左右，并与液面平行，使展开剂沿纸面上行展开时其前沿同时到达点样线，所点样品方能同时展开。浸在液面下滤纸的高度也应在 0.6～0.8 cm 左右，以保持有足够量的展开剂通过纸面。当展开剂的前沿到达预定的前沿线时，取出滤纸晾干，若前沿线并未预定，展开到认为合适的距离时取出，立刻用铅笔标定前沿线的位置。展开的方式除了上行法，还有下行法，双向层析法和环行法。

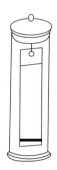

图 2-13-1　纸色谱法装置

5. 显色

与薄层层析法相似(详见薄层色谱法实验内容 5),显色剂可用喷雾法喷洒,用浸渍法将显色剂置于大表面皿中。将烘干(或风干)的滤纸在显色剂浸一下立刻取出,让滤纸的一角触及表面皿的边缘,淌去多余的显色剂至不再滴液为止,用电吹风的热风吹干。显出斑点后应立即用铅笔描下斑点的形状,找出斑点中心,以免放久褪色,无法求取 R_f 值(比移值)。这样对结果的保存也十分有益。

6. 计算比移值(R_f值)

经点样、展开、显色后,层析滤纸上出现高低不同的色斑。在一定的实验条件下(滤纸的厚度、展开剂的成分、环境温度、湿度等),可用 R_f 值作为定性鉴定物质的依据。若在同一张滤纸上用标准物作对照,R_f值完全吻合,则可确定是同一物质。

7. 甘氨酸和亮氨酸的纸色谱法

1) 层析线的准备

剪一张 6 cm × 15 cm 的层析纸条,在离底边 1.5 cm 处划一直线作起始线,在离起始线 7~8 cm 处划一直线作为溶剂前沿线。在另一端的中间用剪刀钻一小孔,穿上棉线。

2) 点样

用毛细管在起始线上点 A、B、C 三个点,A 点为甘氨酸,B 点为混合物(甘氨酸和亮氨酸溶液等体积混合),C 点为亮氨酸。每两点之间的距离在 1 cm 以上。具体方法及要求见薄层色谱法实验内容 3。

展开、显色、计算 R_f 值。这 3 步的具体操作方法及要求详见纸色谱法实验内容的 4)、5)、6)。

8. 葡萄糖和木糖的纸色谱法

层析纸的准备、点样、展开、计算 R_f 值四步操作与前一个实验相同,只是显色有所不同。在这个实验中用银氨溶液作显色剂,其他均相同。

9. 安全指南

银氨溶液有毒,勿与皮肤接触。

五、思考题

(1) 纸色谱法的原理是什么?为什么能分离或鉴定不同物质?

(2) 层析滤纸起什么作用?作为层析滤纸必须具备哪些基本条件?

(3) 纸色谱法适用于分离什么样的物质?分离氨基酸拿取滤纸时必须注意什么?

(4) 能否用圆珠笔或钢笔在滤纸上画线?

(5) 重复点样时应注意什么?

实验 14　分析天平的称量练习

一、目的要求

(1) 了解分析天平的构造，学会分析天平的正确操作方法。

(2) 初步掌握直接称量法和差减称量法(差减法)的称样方法。

(3) 学会正确读数及在称量中正确运用有效数字。

二、实验原理

分析天平的工作原理参见上篇中化学实验基本操作——分析天平的使用方法。

差减称量法使用于易吸水、易氧化、易与二氧化碳等反应的试样的称量。先称出盛有待称试样的称量瓶的质量，倾出一定量的试样，再称量一次，两次质量之差即为倾出试样的质量。按此方法连续递减，可称得多份试样。

三、主要仪器与试剂

(1) 仪器：分析天平、台天平、坩埚、称量瓶、干燥器。

(2) 试剂：试样(因初次称量，宜采用不易吸潮的结晶状试样)。

四、实验内容

1. 天平称量前检查

按顺序完成如下 5 个步骤：

(1) 取下天平罩，叠好放在恰当地方。

(2) 观察天平是否正常，例如天平是否关好，读数转盘是否回到零位，吊耳有无脱落、移位等。

(3) 检查天平是否水平。

(4) 用毛刷刷净 2 个天平盘。

(5) 检查和调整天平的零点(注：这步操作十分重要，掌握用平衡螺丝(粗调)和拨杆(细调)调整天平零点是分析天平称量练习的基本内容之一)。

2. 差减称量法(差减法)练习

(1) 准备 1 只洁净、干燥的坩埚，先在台天平上粗称其质量(考虑到初次使用分析天平，操作不熟练，同时对物体质量的估计缺乏经验，因此可先在台天平上进行粗称。在称量比较熟练的情况下，宜直接在分析天平上进行准确称量)，精确到 0.1 g，记在记录本上。然后进一步在分析天平上精确称量，精确到 0.1 mg(为什么)，记下质量为 m_1。

(2) 取一只装有试样的称量瓶，粗称其质量，再在分析天平上精确称量，记下质量为 m_2。然后自天平中取出称量瓶，将试样慢慢倾入上面已称出质量的第一只坩埚中。倾样时，由于初次称量，缺乏经验，根据此质量估计不足的量(为倾出量的几倍)，继续倾样，然后再准确称量，记为 m_3，则 $m_2 - m_3$ 即为倾出试样的质量。例如要求称量 0.4～0.6 g 试样，若第一次倾出的量为 0.20 g，(不必称准至小数点后第四位，为什么)则第二次应倾出相当于或加倍于第一次倾出的量，其总量即在需要的范围内。

(3) 称出"坩埚+试样"的质量，记为 m_4。

(4) 第一份试样称好后，再按照上述步骤重复，质量分别记为 m_5，m_6，m_7，m_8。

(5) 结果的检验：

① 检查 $m_2 - m_3$ 是否等于第 1 只坩埚中增加的质量；$m_6 - m_7$ 是否等于第 2 只坩埚中增加的质量；如不相等，求出差值，要求称量的绝对差值小于 0.5 mg。

② 再检查倒入坩埚中的两份试样的质量是否符合要求(即在 0.4～0.6 g)。

③ 如不符合要求，分析原因并继续再称。

3. 天平称量后的检查

学生每次做完实验后，都必须做好称量后的检查，检查的内容主要是：

(1) 天平是否关好，吊耳是否滑落。

(2) 天平盘内有无脏物，如有则用毛刷刷净。

(3) 砝码盒内的砝码是否按顺序归还原位。

(4) 圈码有无脱落，读数转盘是否回至零位。

(5) 天平罩是否罩好。

(6) 天平电源是否切断。

(7) 是否已在记录本上签字。

4. 数据记录及处理

将新测数据按下表记录，并进行数据处理。

记录项目	I	II
(称量瓶＋试样)的质量(倒出前)/g	m_2	m_6
(称量瓶＋试样)的质量(倒出后)/g	m_3	m_7
称出试样的质量/g	$m_2 - m_3$	$m_6 - m_7$
(坩埚＋称出试样)的质量/g	m_4	m_8
空坩埚的质量/g	m_1	m_5
称出试样的质量/g	$m_4 - m_1$	$m_8 - m_5$
绝对差值	$(m_2 - m_3) - (m_4 - m_1)$	$(m_6 - m_7) - (m_8 - m_5)$

五、思考题

(1) 为什么在称量开始时，先要测定天平的零点？天平的零点宜在什么位置？如果偏离太大，应该怎样调节？

(2) 为什么天平梁没有托起以前，绝对不许把任何东西放入秤盘或从秤盘上取下？

(3) 减量法称量是怎样进行的？增量法的称量是怎样进行的？它们各有什么优缺点？宜在何种情况下采用？

(4) 在称量的记录和计算中，如何正确运用有效数字？

附：定量分析实验的实验报告示例

专业_____　班级_____　姓名_____　日期_____

实验(　　)_____

一、目的要求

二、实验原理(简述、简单、明了)

三、实验内容

四、数据记录及处理(数据和结果以表格表示)

五、讨论

可以是实验中发现的问题、情况记录，误差分析，经验教训，心得体会，也可以对教师或实验室提出意见和建议等。

实验 15　容量器皿的校正

一、目的要求

(1) 初步学习滴定管、容量瓶、移液管的使用方法。

(2) 了解容量器皿校正的意义，掌握容量器皿校正的方法。

(3) 进一步掌握分析天平的称量操作。

二、实验原理

容量器皿的容积不一定与所标出的体积(mL)完全一致，在一些准确度要求很高的分析中，必须对容量器皿进行校正。

校正量器常采用称量法(绝对校正法)，既称量一定体积纯水的质量(m)，查得该温度下纯水的密度(ρ)，根据公式 $V = m/\rho$ 将水的质量换算成水的体积。不同温度下纯水的密度可由表 2-15-1 查得。

表 2-15-1　在不同温度下的纯水的质量(空气中用黄铜砝码称量)

温度/℃	1 L 水的质量/g	温度/℃	1 L 水的质量/g	温度/℃	1 L 水的质量/g
0	998.24	15	997.93	30	994.91
1	998.32	16	997.80	31	994.68
2	998.39	17	997.66	32	994.34
3	998.44	18	997.57	33	994.05
4	998.48	19	997.35	34	993.75
5	998.50	20	997.18	35	993.44
6	998.51	21	997.00	36	993.12
7	998.50	22	996.80	37	992.80
8	998.48	23	996.60	38	992.46
9	998.44	24	996.38	39	992.12
10	998.39	25	996.17	40	991.77
11	998.32	26	995.93		
12	998.23	27	995.69		
13	998.14	28	995.44		
14	998.04	29	995.18		

考虑到实验时的条件，将称出的纯水的质量换算成体积时，必须考虑以下三方面的

因素:

(1) 水的相对密度(ρ)随温度的变化而变化。

(2) 空气浮力对纯水质量(m)的影响。

(3) 温度对玻璃仪器热胀冷缩的影响。

如实际工作中知道容量器皿间的相互关系,则可采用相对校正法,如容量瓶与移液管之间,常用相互校正法。

三、主要仪器与试剂

(1) 仪器:分析天平、酸式滴定管、容量瓶、移液管、具塞锥形瓶、洗耳球、洗瓶。

(2) 试剂:水。

四、实验内容

1. 滴定管的校正

将具塞的 50 mL 锥形瓶洗净,外部擦干,在分析天平上称出其质量,准确到 0.0001 g(记录时只记录小数点后两位)。将欲校正的酸式滴定管洗净,装满纯水,液面调节至 0.00 刻度或略下处,记下准确读数,按正确操作,以每分钟不超过 10 mL 的速度放出约 10 mL 的水(不必恰等于 10.00 mL,为什么)于上述已称重过的锥形瓶中,盖好瓶塞,在分析天平上进行"瓶加水"的称量记录数据,此两次的质量差即为放出水的质量。

用同样方法称量滴定管从 10~20 mL、20~30 mL…刻度间放出水的质量。以此实验温度下 1 mL 水质量除以每次所得水的质量,即得滴定管各部分的实际容积。现将 25℃时校正某一滴定管的实验数据列出(见表 2-15-2)以供参考。

表 2-15-2　滴定管的校正实例

滴定管读数/mL	(瓶+水)的质量/g	读出的总容积/mL	总水的质量/g	总实际容积/mL	总校准容积/mL
0.03	29.20(空瓶)				
10.13	39.28	10.10	10.08	10.12	+0.02
20.10	49.19	20.07	19.99	20.07	0.00
30.17	59.27	30.14	30.07	30.18	+0.04
40.20	69.24	40.17	40.04	40.19	+0.02
49.99	79.07	49.96	49.87	50.06	+0.10
注:1 mL 水质量为 0.9962 g,水的温度为 25℃					

2. 移液管和容量瓶的相对校正

(1) 洗净 1 支 25 mL 移液管,认真、多次练习移液管的使用方法。

(2) 取清洁、干燥的 250 mL 容量瓶 1 只,用 25 mL 的移液管准确移取纯水 10 次,放入容量瓶中。然后观察液面最低点是否与标线相切,如不相切,应另作标记。经相互校准后的容量瓶与移液管可配套使用。

3. 数据记录及处理

按表 2-15-2 的形式做记录,实验完毕后进行计算(记录表格在实验预习时就应准备好)。根据实验数据,以滴定管读数为横坐标,总校准容积为纵坐标在坐标纸上作出此滴定管各段的校准曲线。

五、思考题

(1) 50 mL 具塞锥形瓶外部为什么要擦干? 内部是否也要擦干?

(2) 将水从滴定管放入锥形瓶时,应注意哪些操作?

(3) 影响容量器皿校正的主要因素有哪些?

(4) 滴定管校正时,为什么要用具塞锥形瓶? 不加塞行不行? 有没有代用品?

(5) 称量水的质量时,应称准至小数点后第几位? 为什么?

(6) 容量瓶校正时为什么需要晾干?

实验 16　滴定分析基本操作练习和酸碱标准溶液的配制

一、目的要求

(1) 初步掌握酸式、碱式滴定管的检漏、洗涤方法。

(2) 初步掌握酸式、碱式滴定管的正确使用、读数及数据记录方法。

(3) 掌握指示剂的使用和滴定终点的判断。

(4) 了解酸碱标准溶液的配制方法。

(5) 通过本实验为培养良好的实验操作基本技能打好基础。

二、实验原理

(1) 滴定分析中常用的仪器有滴定管、移液管、容量瓶等，这些仪器使用得正确与否将直接影响到分析结果的精密度。

(2) 标准溶液是指已知其准确浓度的溶液。配制溶液时可采用直接配制法和间接配制法。有许多标准溶液不能直接配制，常采用间接配制法。HCl 和 NaOH 标准溶液的配制就属于这一类。可先配制接近于所需要浓度的该种物质的溶液，然后用基准物质来标定其准确浓度。为此，先配制粗略浓度的 HCl 和 NaOH 溶液，下一步再由标定得出其准确浓度。

三、主要仪器与试剂

(1) 仪器：酸式滴定管、碱式滴定管、洗瓶、台天平、锥形瓶、量筒、试剂瓶、烧杯。

(2) 试剂：浓 HCl(密度 1.19 g·cm^{-3})、固体 NaOH(化学纯)、蒸馏水、甲基橙、酚酞。

四、实验内容

1. 滴定管的洗涤和正确操作练习

(1) 按分析化学的要求洗涤酸式和碱式滴定管，直到内壁不挂水滴。

(2) 练习并掌握酸式滴定管活塞涂油的方法和两种滴定管尖嘴部分气泡的消除方法。

(3) 反复练习并基本掌握两种滴定管的滴定操作以及控制液滴大小和滴定速度的方法。

(4) 练习并掌握滴定管的正确读数以及记录的方法。

以上内容可参见上篇中化学实验的基本操作中移液管、吸量管、容量瓶和滴定管的使用。

2. 滴定练习

1) HCl 溶液滴定 NaOH 溶液(用甲基橙作指示剂)

准备好"碱管"和"酸管",记录初读数。由"碱管"放出约 10 mL NaOH(0.1 mol·L^{-1})溶液于 250 mL 锥形瓶中,加 10 mL 蒸馏水和 1～2 滴甲基橙指示剂,用 HCl(0.1 mol·L^{-1})溶液滴定至溶液由黄色变橙色。酸碱相互回滴,控制好滴定速度,反复辨认终点颜色。练习结束后,用 HCl(0.1 mol·L^{-1})溶液刚好滴定至橙色时,记录"酸管""碱管"的终读数。

2) NaOH 溶液滴定 HCl 溶液(用酚酞作指示剂)

准备好"碱管"和"酸管",记录初读数。由"酸管"放出约 10 mL HCl(0.1 mol·L^{-1})溶液于另一 250 mL 锥形瓶中,加 10 mL 蒸馏水和 1 滴酚酞指示剂,用 NaOH(0.1 mol·L^{-1})溶液滴定至微红色,30 s 不褪色。酸碱相互回滴,控制好滴定速度,反复辨认终点颜色。练习结束后,用 NaOH(0.1 mol·L^{-1})溶液刚好滴定至微红色(30 s 不褪色)时,记录"酸管""碱管"的终读数。

3. 粗略配制 HCl(0.1 mol·L^{-1})和 NaOH(0.1 mol·L^{-1})溶液各 500 mL

浓 HCl 容易挥发,NaOH 容易吸收空气中的水分和 CO_2,都不能用直接法配制标准溶液。通常先配成近似浓度的溶液,再用基准物质标定出它们的准确浓度,或者标定其一后,再通过比较滴定来确定另一种溶液的浓度。

配制方法如下:

(1) HCl(0.1 mol·L^{-1})溶液的配制:通过计算求出配制 500 mL HCl(0.1 mol·L^{-1})溶液所需浓 HCl(相对密度 1.19,浓度约为 12 mol·L^{-1})的体积,然后用小量筒取此量的浓 HCl,加入水中,并稀释成 500 mL 贮存于带玻璃塞的试剂瓶中,充分摇匀,贴上标签。

(2) NaOH(0.1 mol·L^{-1})溶液的配制:通过计算求出配制 500 mL NaOH(0.1 mol·L^{-1})溶液所需的固体 NaOH 的量,然后在台天平上用纸片或小烧杯迅速称出此量,置于 250 mL 烧杯中,立即加入 100 mL 水,待溶解后,转移至具橡皮塞的试剂瓶中,再用水洗涤烧杯数次,分别转移至该试剂瓶中,用蒸馏水稀释至 500 mL,充分摇匀,贴上标签。在要求严格的情况下,应使用不含 CO_2 的水。

4. 数据记录及处理

(1) HCl 溶液滴定 NaOH 溶液(用甲基橙作指示剂)(见表 2-16-1)。

表 2-16-1　HCl 溶液滴定 NaOH 溶液的数据记录表

项 目	次 序		
	1	2	3
V_{HCl}终读数/mL			
V_{HCl}初读数/mL			
V_{HCl}/mL			
V_{NaOH}终读数/mL			
V_{NaOH}初读数/mL			

续表

项　目	次　序		
	1	2	3
V_{NaOH}/mL			
V_{NaOH}/V_{HCl}			
$\overline{V_{NaOH}/V_{HCl}}$			
相对平均偏差			

(2) NaOH 溶液滴定 HCl 溶液(用酚酞作指示剂)(见表 2-16-2)。

表 2-16-2　NaOH 溶液滴定 HCl 溶液数据记录表

项　目	次　序		
	1	2	3
V_{HCl}终读数/mL			
V_{HCl}初读数/mL			
V_{HCl}/mL			
V_{NaOH}终读数/mL			
V_{NaOH}初读数/mL			
V_{NaOH}/mL			
V_{NaOH}/V_{HCl}			
$\overline{V_{NaOH}/V_{HCl}}$			
相对平均偏差			

五、思考题

(1) 如何检查容量器皿是否已洗干净？

(2) HCl 和 NaOH 标准溶液能否用直接法配制？为什么？

(3) 若要将 0.1 mol·L^{-1} 的 HCl 溶液准确稀释 10 倍、100 倍，可以采用什么方法？

(4) 两支滴定管使用前为什么要用所盛装的溶液淌洗三次？锥形瓶是否也要用所盛装的溶液洗三次？为什么？

(5) 为什么用 HCl 滴定 NaOH 时选择甲基橙为指示剂，而用 NaOH 滴定 HCl 时选择酚酞为指示剂？

实验 17 酸碱比较滴定

一、目的要求

(1) 进一步熟悉酸式、碱式滴定管的洗涤和检漏等操作方法。

(2) 进一步熟练掌握滴定操作方法及滴定终点的正确判断。

(3) 了解指示剂变色的原理，学会用指示剂判断滴定终点的方法。

(4) 通过比较滴定求出滴定终点时酸、碱溶液的体积比。

(5) 学会处理实验结果及对有效数字的准确运用。

二、实验原理

HCl 和 NaOH 相互比较滴定，滴定反应为

$$HCl + NaOH \Longrightarrow NaCl + H_2O$$

滴定的 pH 值突跃范围为 4.3～9.7，因此可以用酚酞、甲基橙等许多指示剂指示滴定点。通常，HCl 滴定 NaOH 用甲基橙指示终点，NaOH 滴定 HCl 用酚酞指示终点，这样选用指示剂可使终点颜色变化易于辨认。测定结果用 V_{NaOH}/V_{HCl} 表示，这样只要标定出其中一种溶液的浓度，即可计算出另一种溶液的浓度。

三、主要仪器与试剂

(1) 仪器：酸式滴定管、碱式滴定管、锥形瓶、洗瓶。

(2) 试剂：HCl(0.1 mol·L^{-1})、NaOH(0.1 mol·L^{-1})、甲基橙(0.1%)、酚酞(0.1%)。

四、实验内容

1. 实验操作

(1) 按要求准备好酸式、碱式滴定管各 1 支。

(2) 分别将酸、碱标准溶液装入酸式、碱式滴定管"0.00"刻度以上，排气泡并调整液面至"0.00"刻度线附近，准确记录初读数(准确至 0.01 mL)。

(3) 从碱式滴定管按 10 mL/min 的速度放出约 20 mL NaOH 溶液于已洗净的 250 mL 锥形瓶中，加入 1～2 滴甲基橙指示剂，用 HCl 溶液滴定至终点(颜色由黄色变为橙色)。如滴定过量，可以用 NaOH 溶液回滴，直到找到准确的终点。

(4) 读取并记录酸式滴定管和碱式滴定管的终读数(精确至 0.01 mL)。

(5) 重复上述操作，平行滴定 3 次(每次滴定都必须将酸、碱溶液重新装至滴定管"0.00"刻度附近)。

(6) 分别求出体积比(V_{NaOH}/V_{HCl})，相对平均偏差在 0.2% 之内，取其平均值。

(7) 若用 NaOH 溶液滴定 HCl 溶液，以酚酞作指示剂，终点颜色由无色变为微红色(30 s 内不褪色)。

2. 数据记录及处理

(1) 用 HCl 滴定 NaOH 溶液(以甲基橙作指示剂)(见表 2-17-1)。

表 2-17-1　HCl 滴定 NaOH 溶液数据记录表

记录项目	次　序		
	1	2	3
V_{NaOH} 终读数/mL			
V_{NaOH} 初读数/mL			
V_{NaOH}/mL			
V_{HCl} 终读数/mL			
V_{HCl} 初读数/mL			
V_{HCl}/mL			
V_{NaOH}/V_{HCl}			
$\overline{V_{NaOH}/V_{HCl}}$			
个别测定的绝对偏差			
平均偏差			
相对平均偏差			

(2) 用 NaOH 滴定 HCl 溶液(以酚酞作指示剂)(见表 2-17-2)。

表 2-17-2　NaOH 滴定 HCl 溶液数据记录表

记录项目	次　序		
	1	2	3
V_{NaOH} 终读数/mL			
V_{NaOH} 初读数/mL			
V_{NaOH}/mL			
V_{HCl} 终读数/mL			
V_{HCl} 初读数/mL			
V_{HCl}/mL			
V_{NaOH}/V_{HCl}			
$\overline{V_{NaOH}/V_{HCl}}$			
个别测定的绝对偏差			
平均偏差			
相对平均偏差			

五、思考题

(1) 为什么在洗净的滴定管装入标准溶液前要用该溶液润洗数次？滴定用的锥形瓶是否也要同样处理？

(2) 滴定完一份试液后，若滴定管中还有足够的标准溶液，是否继续滴定下去，而不必添加到"0.00"附近再滴定下一份？

(3) 滴定时加入指示剂的量为什么不能太多？试根据指示剂平衡移动的原理说明。

(4) 为什么用 HCl 溶液滴定 NaOH 溶液时要用甲基橙作指示剂，而相反的滴定要用酚酞作指示剂？

(5) 用 HCl 溶液滴定 NaOH 溶液，甲基橙变色时，pH 范围是多少？此时是否为化学计量点？

实验 18　HCl 标准溶液的标定

一、目的要求

(1) 进一步熟练掌握称量和滴定操作。

(2) 学习以 Na_2CO_3 为基准物质标定盐酸溶液的原理及方法。

(3) 进一步学习正确记录实验数据以及分析结果处理的方法。

二、实验原理

配好的 HCl 溶液只知其近似浓度，HCl 溶液的准确浓度需用基准物质进行标定。常用来标定 HCl 溶液的基准物质有无水 Na_2CO_3 和 $Na_2B_4O_7 \cdot 10H_2O$(硼砂)。采用无水 Na_2CO_3 为基准物质标定时，可用甲基橙指示剂指示滴定终点。滴定反应为：

$$Na_2CO_3 + 2HCl \!=\!=\!= 2NaCl + H_2O + CO_2\uparrow$$

根据 Na_2CO_3 的质量和 HCl 标准溶液的用量，HCl 的浓度可按下式计算：

$$c_{HCl}(mol \cdot L^{-1}) = \frac{2 \times m_{Na_2CO_3}}{M_{Na_2CO_3} \times V_{HCl} \times 10^{-3}}$$

三、主要仪器与试剂

(1) 仪器：电子天平、酸式滴定管、锥形瓶、洗瓶。

(2) 试剂：HCl(0.1 mol $\cdot$ L^{-1})标准溶液、Na_2CO_3(无水)、甲基橙(0.1%)。

四、实验内容

1. 实验操作

(1) 在电子天平上用差减法准确称取无水 Na_2CO_3 3 份(按每份消耗 HCl(0.1 mol $\cdot$ L^{-1})溶液 20～30 mL 计算所需的量，精确至 0.1 mg)，放入已编号的 250 mL 的锥形瓶中，加 50 mL 左右蒸馏水，摇匀，使之溶解。

(2) 加入 1～2 滴甲基橙指示剂，用待标定的 HCl 标准溶液滴定至橙色，即为终点。

(3) 记录所消耗 HCl 标准溶液的体积，计算 HCl 标准溶液的准确浓度。

(4) 3 份测定的相对平均偏差小于 0.2%，否则应重新测定。

2. 数据记录及处理

数据记录及处理如表 2-18-1 所示。

表 2-18-1 HCl(0.1 mol·L⁻¹)标准溶液的标定

记录项目	次 序		
	1	2	3
倾出前质量(称量瓶 + 试样)/g			
倾出后质量(称量瓶 + 试样)/g			
Na_2CO_3 的质量/g			
V_{HCl}(终读数)/mL			
V_{HCl}(初读数)/mL			
V_{HCl}/mL			
c_{HCl}/(mol·L⁻¹)			
$\bar{c}_{HCL}$/(mol·L⁻¹)			
个别测定的绝对偏差			
平均偏差			
相对平均偏差			

五、思考题

(1) 在该标定实验中,称取基准物质无水 Na_2CO_3 的量是如何计算的?称量过多或过少会引起什么问题?

(2) 用 Na_2CO_3 为基准物质标定 HCl(0.1 mol·L⁻¹)溶液时,为什么不用酚酞作指示剂?

(3) 如果 Na_2CO_3 中的结晶水没有完全除去,实验结果会怎样?

(4) 准确称取的基准物质置于锥形瓶中,锥形瓶内壁是否要烘干?为什么?

(5) 溶解 Na_2CO_3 基准物质时所加的 50 mL 水是否要准确?为什么?

实验 19　NaOH 标准溶液的标定

一、目的要求

(1) 进一步掌握标准溶液浓度的标定方法。

(2) 熟练掌握称量和滴定操作。

(3) 加深了解指示剂变色的原理。

(4) 进一步掌握指示剂判断滴定终点的方法。

二、实验原理

常用酸性物质邻苯二甲酸氢钾($KHC_8H_4O_4$)为基准物，以酚酞为指示剂来标定 NaOH 溶液。邻苯二甲酸氢钾含有一个可解离的 H^+，其 $K_a^{\ominus} = 2.9 \times 10^{-6}$，标定时的反应式为：

$$KHC_8H_4O_4 + NaOH = KNaC_8H_4O_4 + H_2O$$

化学计量点时的反应产物是邻苯二甲酸钾钠，在水溶液中呈弱碱性，因此可选酚酞作指示剂。

邻苯二甲酸氢钾作为基准物质的优点是：易于获得纯品，易于干燥，摩尔质量大等。

根据 $KHC_8H_4O_4$ 的质量和 NaOH 标准溶液的用量，NaOH 的浓度可按下式计算：

$$c_{NaOH}(mol \cdot L^{-1}) = \frac{m_{KHC_8H_4O_4}}{M_{KHC_8H_4O_4} \times V_{NaOH} \times 10^{-3}}$$

三、主要仪器与试剂

(1) 仪器：电子天平、碱式滴定管、锥形瓶、洗瓶。

(2) 试剂：NaOH($0.1\ mol \cdot L^{-1}$)、邻苯二甲酸氢钾(s)、酚酞(0.1%)。

四、实验内容

1. 实验操作

(1) 在电子天平上用减量法准确称取 3 份已在 105℃～110℃烘过 1 h 以上的分析纯邻苯二甲酸氢钾，每份 0.4～0.6 g(精确至 0.1 mg)，置于已编号的 250 mL 锥形瓶中，各加 50 mL 蒸馏水，使之溶解。

(2) 加入 1～2 滴酚酞指示剂，用待标定的 NaOH 标准溶液滴定至微红色，30 s 内不褪色即为终点，读取并记录读数。

(3) 根据邻苯二甲酸氢钾的质量和所消耗的 NaOH 标准溶液的体积计算 NaOH 标准溶液的准确浓度。

(4) 3 份测定的相对平均偏差小于 0.2%，否则应重新测定。

2. 数据记录及处理

数据记录及处理见表 2-19-1。

表 2-19-1　NaOH 标准溶液的标定

记录项目	次 序		
	1	2	3
倾出前质量(称量瓶 + $KHC_8H_4O_4$)/g			
倾出后质量(称量瓶 + $KHC_8H_4O_4$)/g			
$KHC_8H_4O_4$ 的质量/g			
V_{NaOH} 终读数/mL			
V_{NaOH} 初读数/mL			
V_{NaOH}/mL			
c_{NaOH}/mol·L^{-1}			
$\bar{c}_{NaOH}$/mol·L^{-1}			
个别测定的绝对偏差			
平均偏差			
相对平均偏差			

五、思考题

(1) 为什么在标定 NaOH 标准溶液的实验中，要求称取 0.4～0.6 g 基准邻苯二甲酸氢钾？是如何计算得到的？称量过多或过少会引起什么问题？

(2) 用邻苯二甲酸氢钾为基准物质标定 NaOH(0.1 mol·L^{-1})溶液时，为什么用酚酞而不用甲基橙作指示剂？

(3) 如果称取的是未烘干的邻苯二甲酸氢钾，实验结果会怎样？

(4) 准确称取的基准物质置于锥形瓶中，锥形瓶内壁是否要烘干？为什么？

(5) 溶解邻苯二甲酸氢钾基准物时所加的 50 mL 水是否要准确？为什么？

实验 20 氨水中氨含量的测定

一、目的要求

(1) 初步掌握容量瓶、移液管的洗涤和正确使用方法。

(2) 进一步掌握酸碱滴定法的实际应用。

(3) 了解强酸滴定弱碱时返滴定法的应用和指示剂的选择。

二、实验原理

氨水是弱碱，可用强酸滴定。但由于氨易于挥发，故常采用返滴定法。即先加入一定量且过量的标准 HCl 溶液，使氨先与 HCl 作用，然后再用 NaOH 标准溶液返滴定剩余的 HCl。其反应过程如下：

$$HCl(过量) + NH_3 == NH_4Cl + HCl(剩余)$$

滴定反应为

$$HCl(剩余) + NaOH == NaCl + H_2O$$

在这个滴定中，虽是强碱滴定强酸，但由于溶液中存在 NH_4Cl，化学计量点 pH 值约为 5.3(如何得到)，故应选用甲基红作指示剂。结果以 ρ_{NH_3} 表示。

$$\rho_{NH_3}\,(g/100\,mL) = \frac{\left\{\left[c_{HCl} \times V_{HCl} - c_{NaOH} \times V_{NaOH}\right] \times M_{NH_3} \times 10^{-3}\right\} \times 100}{25.00 \times \dfrac{25.00}{250.0}}$$

三、主要仪器与试剂

(1) 仪器：酸式滴定管、碱式滴定管、容量瓶、公用移液管、锥形瓶，洗瓶。

(2) 试剂：HCl($0.1\ mol \cdot L^{-1}$)、NaOH($0.1\ mol \cdot L^{-1}$)、甲基红(0.1%)、氨水(未知)。

四、实验内容

1. 容量瓶、移液管的洗涤和操作练习

(1) 洗净 1 只 250 mL 的容量瓶和 1 支 25 mL 的移液管。

(2) 练习洗耳球和移液管的配合使用，练习从移液管中放出溶液到锥形瓶或容量瓶中和从容量瓶中移出溶液的操作。

2. 氨水待测样的稀释

用 25 mL 公用移液管吸取所给氨水试液到 1 只 250 mL 容量瓶中,加水稀释至刻度线,摇匀待用。

3. 氨水中氨含量的测定

从酸式滴定管中慢慢放出约 40 mL HCl 标准溶液于 1 只已洗净的 250 mL 锥形瓶中,然后用自备的 25 mL 移液管移取容量瓶中已稀释的氨水至已盛有 HCl 溶液的锥形瓶中,加入 4 滴甲基红指示剂,用 NaOH 标准溶液滴定剩余的 HCl 溶液。注意观察终点前后的颜色变化,至溶液由红色变橙色为止,如滴定过量可以回滴。记录所用 NaOH 的量和 HCl 的实际加入量。

平行测定 3 次,计算出稀释前氨水溶液的氨含量。

4. 数据记录及处理

3 次平行测定后分别计算,以稀释前每 100 mL 的氨水溶液中含 NH_3 的克数来表示测定的结果。取 3 次测定结果的平均值作为实验结果,3 次平行测定的相对平均偏差应小于 0.2%。其数据记录及处理见表 2-20-1。

表 2-20-1　氨水中氨含量的测定

$\overline{c}_{HCl}$ /(mol · L^{-1})					
$\overline{c}_{NaOH}$ /(mol · L^{-1})					
测定次序			1	2	3
HCl 溶液用量		V_{HCl} 终读数/mL			
		V_{HCl} 初读数/mL			
		V_{HCl}/mL			
NaOH 溶液用量		V_{NaOH} 终读数/mL			
		V_{NaOH} 初读数/mL			
		V_{NaOH}/mL			
ρ_{NH_3} /(g · 100 mL^{-1})					
$\overline{\rho}_{NH_3}$ /(g · 100 mL^{-1})					
个别测定的绝对偏差					
平均偏差					
相对平均偏差					

五、思考题

(1) 该实验中为什么选甲基红作指示剂?选酚酞指示剂可以吗?

(2) 为什么在本实验中要采用返滴定法?

(3) 为何 NH_3 的测定不适合用直接滴定法?

(4) 在滴定过程中,如果 NaOH 加过量,可否用 HCl 回滴?

实验 21　混合碱的测定

一、目的要求

(1) 掌握双指示剂法测定碱液中 Na_2CO_3、$NaHCO_3$ 含量的原理和方法。

(2) 掌握双指示剂法确定滴定终点的方法。

二、实验原理

食碱(混合碱)的主要成分为 $NaHCO_3$，但常含有一定量的 Na_2CO_3。如果分别测定它们的含量可用双指示剂连续滴定法，也就是同一份样品，在滴定中用两种指示剂来指示两个不同的终点。由于 Na_2CO_3 的碱性比 $NaHCO_3$ 强，所以在它们的混合液中，用 HCl 滴定时，首先是与 Na_2CO_3 中和，只有当 Na_2CO_3 完全变为 $NaHCO_3$ 时，才进一步与 $NaHCO_3$ 作用。因此可以先用酚酞为指示剂，用 HCl 滴定至 Na_2CO_3 完全生成 $NaHCO_3$(第一化学计量点) 来测定 Na_2CO_3 的含量；再以甲基橙为指示剂，继续滴定至 $NaHCO_3$ 变为 CO_2(第二化学计量点)来测定 $NaHCO_3$ 的含量。

用 HCl 溶液滴定 Na_2CO_3 时，其反应包括以下两步：

$$Na_2CO_3 + HCl === NaHCO_3 + NaCl$$

$$NaHCO_3 + HCl === NaCl + \underline{H_2CO_3}$$

$$\quad\quad\quad\quad\quad\quad\quad\quad \downarrow\ H_2O + CO_2\uparrow$$

此反应过程的示意图如图 2-21-1 所示。图中，V_1 为 Na_2CO_3 完全转化为 $NaHCO_3$ 所需的 HCl 用量；V_2 为 $NaHCO_3$(包括第一步反应所得的和试样原有的)完全作用生成 CO_2 所需 HCl 用量。

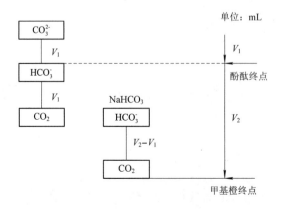

图 2-21-1　HCl 滴定 Na_2CO_3、$NaHCO_3$ 示意图

食碱的含量可以用"总碱量"来表示,总碱量包括滴定的 Na_2CO_3 和 $NaHCO_3$,但都以 Na_2CO_3 表示,这时消耗的 HCl 用量为$(V_1 + V_2)$。

三、主要仪器与试剂

(1) 仪器:电子天平、酸式滴定管、容量瓶、移液管、锥形瓶、烧杯、洗瓶。

(2) 试剂:HCl 标准溶液、酚酞(0.1%)、甲基橙(0.1%)、混合碱。

四、实验内容

1. 实验操作

(1) 准确称取食碱样品约 1.6 g,放入 100 mL 的烧杯中,加入少许蒸馏水使之溶解,必要时可稍加热促其溶解。待冷却后将溶液定量转移到 250 mL 容量瓶中,定容。

(2) 用移液管移取 25 mL 上述配制好的食碱试液,置于 1 只 250 mL 的锥形瓶中,加入 1~2 滴酚酞指示剂,用标准 HCl 溶液滴定至红色刚好消失,记录 HCl 用量 V_1。

(3) 再加入 1~2 滴甲基橙指示剂,用 HCl 继续滴定至溶液由黄变橙,记录 HCl 用量 V_2。

(4) 平行测定 2~3 次,计算试样中 $\omega_{Na_2CO_3}$, ω_{NaHCO_3}。以 $\omega_{Na_2CO_3}$ 表示总碱度。

2. 数据记录及处理

根据实验的操作过程,自己设计数据的记录格式,记录实验过程中的相关数据,并按下式计算结果。

$$\omega_{Na_2CO_3} = \frac{V_1 \times c_{HCl} \times M_{Na_2CO_3} \times 10^{-3}}{m_{试样质量} \times \frac{25.00}{250.0}}$$

$$\omega_{NaHCO_3} = \frac{(V_2 - V_1) \times c_{HCl} \times M_{NaHCO_3} \times 10^{-3}}{m_{试样质量} \times \frac{25.00}{250.0}}$$

$$\omega_{总碱量} = \frac{(V_1 - V_2) \times c_{HCl} \times M_{Na_2CO_3} \times 10^{-3}}{m_{试样质量} \times \frac{25.00}{250.0}}$$

五、思考题

(1) 第一化学计量点到达后,记录下 V_1,此时是将滴定管重新加满还是继续滴定下去?

(2) 试解释 3 个计算式的含意。可否根据 V_1、V_2 的大小判断碱液的组成?

(3) 某固体试样可能含有 Na_2HPO_4 和 NaH_2PO_4 及惰性杂质,试拟定分析方案,测定其中 Na_2HPO_4 和 NaH_2PO_4 的含量。注意考虑以下问题:① 方法与原理;② 用什么标准溶液;③ 用什么指示剂;④ 测定结果的计算公式。

(4) 现有含 HCl 和 CH_3COOH 的某试液,欲测定其中 HCl 及 CH_3COOH 的含量,试拟定一个分析方案。

实验 22 EDTA 标准溶液的配制和标定

一、目的要求

(1) 学习 EDTA 标准溶液的配制和标定方法。

(2) 掌握配位滴定原理，了解配位滴定的特点。

(3) 了解金属指示剂的特点，熟悉钙指示剂或二甲酚橙指示剂的使用。

二、实验原理

乙二胺四乙酸(简称 EDTA，常用 H_4Y 表示)是一种有机氨羧配位体，能与大多数金属离子形成 $1:1$ 型配位化合物，计算关系简单，故常用作配位滴定的标准溶液。乙二胺四乙酸难溶于水，常温下其溶解度为 $0.2\ g \cdot L^{-1}$，在分析中通常使用其二钠盐配制标准溶液。乙二胺四乙酸二钠盐的溶解度为 $111\ g \cdot L^{-1}$，可配成 $0.3\ mol \cdot L^{-1}$ 以上的溶液，其水溶液的 $pH \approx 4.8$，EDTA 标准溶液可以用直接法配制，也可用间接法配制。

标定 EDTA 溶液常用的基准物有 Zn、ZnO、$CaCO_3$、Bi、Cu、$MgSO_4 \cdot 7H_2O$、Hg、Ni、Pb 等。通常选用其中与被测物组分相同的物质作基准物，这样，滴定条件较一致，可减小误差。

EDTA 溶液若用于测定石灰石或白云石中 CaO、MgO 的含量，则宜用 $CaCO_3$ 为基准物。首先可加 HCl 溶液，其反应如下：

$$CaCO_3 + 2HCl = CaCl_2 + CO_2\uparrow + H_2O$$

然后把溶液转移到容量瓶中并稀释，制成钙标准溶液。吸取一定量钙标准溶液，调节酸度至 $pH \geqslant 12$，用钙指示剂，以 EDTA 溶液滴定至溶液由酒红色变为纯蓝色，即为终点。其变色原理如下：

钙指示剂(常以 H_3Ind 表示)在水溶液中按下式解离：

$$H_3Ind \rightleftharpoons 2H^+ + HInd^{2-}$$

在 $pH \geqslant 12$ 的溶液中，$HInd^{2-}$ 和 Ca^{2+} 形成比较稳定的配离子，其反应如下：

$$HInd^{2-} + Ca^{2+} = CaInd^- + H^+$$
$$\text{(纯蓝色)} \qquad\qquad \text{(酒红色)}$$

所以在钙标准溶液中加入钙指示剂时，溶液呈酒红色。当用 EDTA 溶液滴定时，由于 EDTA 能与 Ca^{2+} 形成比 $CaInd^-$ 更稳定的配离子，因此在滴定终点附近，$CaInd^-$ 不断转化为较稳定的 CaY^{2-} 配离子，而钙指示剂则被游离出来，其反应可表示如下：

$$CaInd^- + H_2Y^{2-} + OH^- = CaY^{2-} + HInd^{2-} + H_2O$$
$$\text{(酒红色)} \qquad\qquad \text{(无色)} \quad \text{(纯蓝色)}$$

　　用此法测定钙,若 Mg^{2+} 共存(调节溶液酸度为 pH≥12,Mg^{2+} 将形成 $Mg(OH)_2$ 沉淀)时,Mg^{2+} 不仅不干扰钙的测定,而且使滴定终点比 Ca^{2+} 单独存在时更敏锐。当 Ca^{2+}、Mg^{2+} 共存时,终点由酒红色到纯蓝色;当 Ca^{2+} 单独存在时则由酒红色到紫蓝色。所以测定单独存在的 Ca^{2+} 时,常常加入少量 Mg^{2+}。

　　EDTA 溶液若用于测定 Pb^{2+}、Bi^{3+},则宜以 ZnO 或金属锌为基准物,以二甲酚橙为指示剂。在 pH = 5～6 的溶液中,二甲酚橙指示剂本身显黄色,与 Zn^{2+} 的配合物呈紫红色。EDTA 与 Zn^{2+} 形成更稳定的配合物,因此用 EDTA 溶液滴定至终点时,二甲酚橙被游离出来,溶液由紫红色变为黄色。

　　配位滴定中所用的水中应不含 Fe^{3+}、Al^{3+}、Cu^{2+}、Ca^{2+}、Mg^{2+} 等杂质离子。

三、主要仪器与试剂

　　(1) 仪器:电子天平、碱(或酸)式滴定管、容量瓶、移液管、锥形瓶、试剂瓶、量筒、烧杯、台天平、洗瓶。

　　(2) 试剂:

　　① 以 $CaCO_3$ 为基准物时所用试剂:EDTA(s,A.R),$CaCO_3$(s,G.R 或 A.R),$NH_3 \cdot H_2O$(1:1),镁溶液(取 1 g $MgSO_4 \cdot 7H_2O$ 溶解于水中,稀释至 200 mL),NaOH(10%),钙指示剂(s)。

　　② 以 ZnO 为基准物时所用试剂:ZnO(G.R 或 A.R),HCl(1:1)溶液,$NH_3 \cdot H_2O$(1:1)溶液,二甲酚橙,六次甲基四胺(20%)。

四、实验内容

1. EDTA(0.005 mol·L^{-1})溶液的配制

　　在台天平上称取乙二胺四乙酸二钠盐 0.95 g,溶解于 150～200 mL 温水中,稀释至 500 mL,如混浊应过滤。转移至 500 mL 试剂瓶中,摇匀后待用。

2. 以 $CaCO_3$ 为基准物标定 EDTA 溶液

　　1) 标准钙溶液(0.005 mol·L^{-1})的配制

　　置碳酸钙基准物于称量瓶中,在 110℃干燥 2 h,置于干燥器中,准确称取 0.12～0.14 g(称准至小数点后第四位)于小烧杯中,盖上表面皿,加水湿润,再从杯嘴边逐滴加入(目的是防止反应过于激烈而产生 CO_2 气泡,使 $CaCO_3$ 飞溅损失。)数毫升 HCl(1:1)至完全溶解。用水把可能溅到表面皿上的溶液淋洗入杯中,加热至沸,待冷却后移入 250 mL 容量瓶中,稀释至刻度,摇匀。

　　2) 标定

　　用移液管移取 25 mL 标准钙溶液,置于锥形瓶中,加入约 25 mL 水、2 mL 镁溶液、5 mL NaOH(10%)溶液及约 10 mg(绿豆大小)钙指示剂,摇匀后用 EDTA 溶液滴定至由红色变为蓝色,即为终点。

3. 以 ZnO 为基准物标定 EDTA 溶液(也可用金属锌作基准物)

1) 锌标准溶液($0.005\ mol\cdot L^{-1}$)的配制

准确称取在 800℃～1000℃灼烧过(需 20 min 以上)的基准物 ZnO 0.12～0.14 g 于 100 mL 烧杯中，用少量水润湿，然后逐滴加入 HCl(1∶1)，边加入边搅至完全溶解为止。然后，将溶液定量转移至 250 mL 容量瓶中，稀释至刻度并摇匀。

2) 标定

准确移取 25 mL 锌标准溶液于 250 mL 锥形瓶中，加约 30 mL 水，2～3 滴二甲酚橙指示剂，先加氨水(1∶1)至溶液由黄色刚变橙色(不能多加)，然后滴加 20%六次甲基四胺(六次甲基四胺用作缓冲剂。它在酸性溶液中能生成$(CH_2)_6N_4H^+$，此共轭酸与过量的$(CH_2)_6N_4$构成缓冲溶液，从而能使溶液的酸度稳定在 pH = 5～6 范围内。先加入氨水调节酸度是为了节约六次甲基四胺，因六次甲基四胺的价格较昂贵)至溶液呈稳定的紫色后再多加 3 mL，用 EDTA 溶液滴定至溶液由紫红色变亮黄色，即为终点。

4. 注意事项

(1) 配位反应进行的速度较慢(不像酸碱反应能在瞬间完成)，故滴定时加入 EDTA 溶液的速度不能太快，在室温低时，尤要注意。特别是近终点时，应逐滴加入，并充分振摇。

(2) 配位滴定中，加入指示剂的量是否适当对于终点的观察十分重要，宜在实践中总结经验，加以掌握。

5. 数据记录及处理

根据实验的操作过程，自己设计数据的记录格式，记录实验过程中的相关数据，并进行结果的计算。

五、思考题

(1) 为什么通常使用乙二胺四乙酸的钠盐配制 EDTA 标准溶液，而不用乙二胺四乙酸？

(2) HCl 溶液溶解 $CaCO_3$ 基准物时，操作中应注意些什么？

(3) 以 $CaCO_3$ 为基准物标定 EDTA 溶液时，加入镁溶液的目的是什么？

(4) 以 $CaCO_3$ 为基准物，以钙指示剂作为指示剂标定 EDTA 溶液时，应控制溶液的酸度为多少？为什么？怎样控制？

(5) 以 ZnO 为基准物，以二甲酚橙为指示剂标定 EDTA 溶液浓度的原理是什么？溶液的 pH 值应控制在什么范围？若溶液为强酸性，应怎样调节？

(6) 配位滴定法与酸碱滴定法相比，有哪些不同点？操作中应注意哪些问题？

实验 23　水的硬度测定

一、目的要求

(1) 了解水硬度测定的意义和常用的硬度表示方法。

(2) 掌握 EDTA 法测定水的硬度的原理和方法。

(3) 掌握铬黑 T 和钙指示剂的应用，了解金属指示剂的特点。

二、实验原理

一般含有较多钙盐、镁盐的水叫硬水(硬水和软水尚无明确的界限，硬度小于 5.6 的水一般可认为是软水)。水的硬度是以 H_2O 中 Ca^{2+}、Mg^{2+} 折合成 CaO 来计算的，每升 H_2O 中含 10 mg CaO 为 1 度($1°$)。表示水硬度的方法有多种，随各国的习惯而有所不同。有将水中的盐类都折算成 $CaCO_3$，而以 $CaCO_3$ 的量作为硬度标准的。也有将盐类折算成 CaO，而以 CaO 的量来表示的。本书采用我国目前常用的表示方法：以度($°$)计，1 硬度单位表示十万份水中含 1 份 CaO。硬度有暂时硬度和永久硬度之分。

暂时硬度——水中含有钙、镁的酸式碳酸盐，遇热即生成碳酸盐沉淀而失去其硬性。其反应如下：

$$Ca(HCO_3)_2 \xrightarrow{\triangle} CaCO_3(完全沉淀) + H_2O + CO_2\uparrow$$

$$Mg(HCO_3)_2 \xrightarrow{\triangle} \underset{\begin{subarray}{l} \quad|+H_2O \\ \rightarrow Mg(OH)_2\downarrow + CO_2\uparrow \end{subarray}}{MgCO_3(不完全沉淀) + H_2O + CO_2\uparrow}$$

永久硬度——水中含有钙、镁的硫酸盐、氯化物、硝酸盐，在加热时亦不沉淀(但在锅炉运行温度下，溶解度低的可析出而成为锅垢)。

暂时硬度和永久硬度的总和称为"总硬"。由镁离子形成的硬度为"镁硬"，由钙离子形成的硬度称为"钙硬"。

水中钙、镁离子的含量，用 EDTA 滴定法测定。钙硬测定原理与以 $CaCO_3$ 为基准物标定 EDTA 标准溶液浓度相同，总硬度则以铬黑 T 为指示剂，控制溶液的酸度为 pH = 10，以 EDTA 标准溶液滴定。由 EDTA 溶液的浓度和用量，可算出水的总硬，由总硬减去钙硬即为镁硬。

$$硬度(°) = \frac{c_{EDTA} \times V_{EDTA} \times M_{CaO} \times 10^{-3}}{V_{水}} \times 10^5$$

式中：c_{EDTA} 为 EDTA 标准溶液的浓度($mol \cdot L^{-1}$)；V_{EDTA} 为滴定时用去的 EDTA 标准溶液的体积(mL)，若此量为滴定总硬时所耗用的，则所得硬度为总硬，若此量为滴定钙硬时耗用的，则所得硬度为钙硬；$V_水$ 为水样体积(mL)；M_{CaO} 为 CaO 的摩尔质量($g \cdot mol^{-1}$)。

三、主要仪器与试剂

(1) 仪器：酸(或碱)式滴定管、公用移液管、锥形瓶、公用量筒、洗瓶。

(2) 试剂：EDTA 标准溶液、NH_3-NH_4Cl 缓冲溶液(pH≈10)、NaOH(10%)、钙指示剂、铬黑 T。

四、实验内容

1. EDTA 标准溶液(0.005 mol·L^{-1})的配制

准确称取 EDTA 试样 0.40～0.50 g 于 250 mL 烧杯中，加水 150 mL 溶解(可适当加热)转移至 250 mL 容量瓶中定量，摇匀使用。

2. 总硬的测定

移取澄清的水样 100.0 mL[①]于 250 mL 锥形瓶中，加入 5 mL NH_3-NH_4Cl 缓冲液[②]，摇匀。再加入少许铬黑 T 固体指示剂，摇匀后溶液呈酒红色。以 EDTA(0.005 mol·L^{-1})标准溶液滴定至纯蓝色，即为终点。记录 EDTA 的用量，平行测定 2～3 次。

注意：

① 此取样量仅适于硬度按 $CaCO_3$ 计算为 1°～25° 的水样。若硬度大于 25°，则取样量应相应减少。相同水样，若按 CaO 计算，则其硬度(°)为按 $CaCO_3$ 计算时的 56%。

若水样不是澄清的，必须过滤。过滤所用的仪器和滤纸必须是干燥的。最初和最后的滤液宜弃去。非属必要，一般不用纯水稀释水样。

如果水中有铜、锌、锰等离子存在，则会影响测定结果。铜离子存在时会使滴定终点不明显；锌离子参与反应，使结果偏高；锰离子存在时，加入指示剂后马上变成灰色，影响滴定。遇此情况，可在水样中加入 1 mL 2%Na_2S 溶液，使铜离子生成 CuS 沉淀；锰的影响可加盐酸羟胺溶液消除。若有 Fe^{3+}、Al^{3+} 存在，可用三乙醇胺掩蔽。

② 硬度较大的水样。在加缓冲液后常析出 $CaCO_3$、$(MgOH)_2CO_3$ 微粒，使滴定终点不稳定。遇此情况，可于水样中加适量稀 HCl 溶液，振摇后，再调至中性，然后加缓冲液，则终点稳定。

3. 钙硬的测定

移取澄清的水样 100.0 mL 于 250 mL 锥形瓶中，加 4 mL NaOH(10%)溶液，摇匀，再加入少许钙指示剂，摇匀后溶液呈酒红色。用 EDTA(0.005 mol·L^{-1})标准溶液滴定至纯蓝色，即为终点。记录 EDTA 的用量，平行测定 2～3 次。

4. 镁硬的测定

由总硬减去钙硬即得镁硬。

5. 数据记录及处理

根据实验的操作过程，自己设计数据的记录格式，记录实验过程中的相关数据，并进行结果的计算。

五、思考题

(1) 如果对硬度测定中的数据要求保留两位有效数字，应如何量取 100 mL 水样？

(2) 用 EDTA 法怎样测出水的总硬度？用什么指示剂？产生什么反应？终点如何变色？试液 pH 值应控制在什么范围？如何控制？又如何测定钙硬？

(3) 如何得到镁硬？

(4) 用 EDTA 法测定水的硬度时，哪些离子的存在有干扰？如何消除？

(5) 本实验的滴定速度要非常慢，为什么？

实验 24　KMnO₄ 标准溶液的配制与标定

一、目的要求

(1) 了解高锰酸钾标准溶液的配制方法和保存条件。

(2) 掌握用 $Na_2C_2O_4$ 作基准物标定高锰酸钾溶液浓度的原理、方法及滴定条件。

二、实验原理

$KMnO_4$ 是氧化还原滴定中最常用的氧化剂之一,但市售的 $KMnO_4$ 常含有少量杂质,如 MnO_2、硫酸盐、氯化物及硝酸盐等,因此不能用直接法配制准确浓度的溶液。$KMnO_4$ 氧化能力强,还易和水中的有机物、空气中的尘埃等还原性物质作用。$KMnO_4$ 能自行分解:

$$4KMnO_4 + 2H_2O \Longrightarrow 4MnO_2 \downarrow + 4KOH + 3O_2 \uparrow$$

分解的速度随溶液的 pH 值而改变。在中性溶液中,分解很慢,但 Mn^{2+} 和 MnO_2 的存在能加速其分解,见光则分解得更快。通常配制的 $KMnO_4$ 溶液要在暗处保存数天,待 $KMnO_4$ 把还原性杂质充分氧化后,除去生成的 MnO_2 沉淀,然后通过标定求出溶液的准确浓度。标定好的 $KMnO_4$ 溶液如需长期使用,则应定期重新标定。

标定 $KMnO_4$ 溶液的基准物质有 $Na_2C_2O_4$,$H_2C_2O_4 \cdot 2H_2O$,$(NH_4)_2Fe(SO_4)_2 \cdot 6H_2O$,$(NH_4)_2C_2O_4$、$FeSO_4 \cdot 7H_2O$ 和纯铁丝等。其中 $Na_2C_2O_4$ 不含结晶水,容易提纯,没有吸湿性,因此是常用的基准物质。

在 H_2SO_4 溶液中,$KMnO_4$ 和 $Na_2C_2O_4$ 的反应式如下:

$$2MnO_4^- + 5C_2O_4^{2-} + 16H^+ \Longrightarrow 10CO_2 \uparrow + 2Mn^{2+} + 8H_2O$$

在滴定过程中,应控制温度、酸度和滴定速度。由于 MnO_4^- 为紫色,Mn^{2+} 无色,因此滴定时可利用 $KMnO_4$ 本身的颜色指示滴定终点。

三、主要仪器与试剂

(1) 仪器:台天平、电子天平、酸式滴定管、锥形瓶、棕色试剂瓶、公用量筒、烧杯、洗瓶、酒精灯。

(2) 试剂:$KMnO_4(s)$、$Na_2C_2O_4(A.R)$、$H_2SO_4(3\ mol \cdot L^{-1})$。

四、实验内容

1. $KMnO_4(0.02\ mol \cdot L^{-1})$标准溶液的配制

在台天平上称取 1.0 g $KMnO_4$,放入 250 mL 烧杯中,用水分数次溶解,每次加水

30 mL，充分搅拌后，将上层清液倒入洁净的棕色试剂瓶，然后用另一份水溶解遗留在烧杯中的 $KMnO_4$ 固体，重复以上操作，直到 $KMnO_4$ 全部溶解。用蒸馏水稀释至 300 mL，摇匀、塞紧。贴上标签。静置一周后，通过玻璃棉或砂芯漏斗过滤去除沉淀物，溶液收集于棕色试剂瓶中。

2. $KMnO_4$ 标准溶液的标定

准确称取已于 110℃烘干的 $Na_2C_2O_4$ 0.14～0.20 g 3 份，分别装入 250 mL 锥形瓶中。加入新煮沸过的蒸馏水 40 mL 使之溶解。再加入 10 mL H_2SO_4(3 mol·L^{-1})，加热到 70℃～80℃ (以冒较多蒸气为准)，立即用 $KMnO_4$ 溶液滴定。滴定时，先加入 1 滴 $KMnO_4$，摇动溶液，待红色褪去后，再继续滴定。随着反应速度的加快，可逐渐加快滴定速度，接近终点时应逐滴加入，直至滴定到微红色且 30 s 内不褪色为终点。记录 $KMnO_4$ 溶液的用量，平行滴定 3 份。

3. 数据记录及处理

计算公式

$$c_{KMnO_4}(mol·L^{-1}) = \frac{2m_{Na_2C_2O_4}}{5M_{Na_2C_2O_4} \times V_{KMnO_4} \times 10^{-3}}$$

数据记录及内容处理见表 2-24-1。

表 2-24-1　$KMnO_4$ 标准溶液的标定

记录项目	次　序		
	1	2	3
倾出前质量(称量瓶 + $Na_2C_2O_4$)m_1/g			
倾出后质量(称量瓶 + $Na_2C_2O_4$)m_2/g			
$Na_2C_2O_4$ 的质量/g			
V_{KMnO_4} 终读数/mL			
V_{KMnO_4} 初读数/mL			
V_{KMnO_4} /mL			
c_{KMnO_4} /(mol·L^{-1})			
$\overline{c}_{KMnO_4}$ /(mol·L^{-1})			
个别测定的绝对偏差			
平均偏差			
相对平均偏差			

五、思考题

(1) 影响氧化还原反应速度的因素有哪些？在滴定中如何控制？

(2) $KMnO_4$ 法滴定中常用什么作为指示剂？它是怎样指示滴定终点的？

(3) 用 $Na_2C_2O_4$ 作为基准物质标定 $KMnO_4$ 溶液时，应注意哪些因素？

(4) 控制溶液酸度时为何不能用 HCl 或 HNO_3 溶液？

(5) 如果用 $(NH_4)_2Fe(SO_4)_2 \cdot 6H_2O$ 作为基准物质标定 $KMnO_4$ 溶液，c_{KMnO_4} 的计算公式如何？

实验 25　高锰酸钾法测定双氧水

一、目的要求

(1) 进一步熟练掌握容量瓶、移液管的使用。

(2) 进一步掌握氧化还原滴定法的实际应用。

(3) 掌握测定 H_2O_2 含量的原理和方法。

二、实验原理

过氧化氢(H_2O_2，又称为双氧水)，具有杀菌、消毒、漂白等作用，市售 H_2O_2 含量一般为 30%。在实验室中常将 H_2O_2 装在塑料瓶内，置于阴暗处。它在酸性溶液中很容易被 $KMnO_4$ 氧化而生成游离的氧和水，其反应式如下：

$$2MnO_4^- + 5H_2O_2 + 6H^+ \xlongequal{\quad} 2Mn^{2+} + 5O_2 \uparrow + 8H_2O$$

因此，测定过氧化氢时，可用高锰酸钾溶液作滴定剂，根据微过量的高锰酸钾本身的微红色指示滴定终点。

在生物化学中常用此法间接测定过氧化氢酶的含量。过氧化氢酶能使过氧化氢分解，故可以用适量的 H_2O_2 和过氧化氢酶发生作用后，在酸性条件下用标准 $KMnO_4$ 溶液滴定剩余的 H_2O_2，即可求得过氧化氢酶的含量。

三、主要仪器与试剂

(1) 仪器：酸式滴定管、移液管、锥形瓶、容量瓶、洗瓶。

(2) 试剂：$KMnO_4$ 标准溶液、H_2O_2(待测液)、H_2SO_4(3 mol·L^{-1})。

四、实验内容

1. $KMnO_4$ 标准溶液的配制和标定

见实验 24 $KMnO_4$ 标准溶液的配制与标定。

2. H_2O_2 含量的测定

(1) 用公用移液管移取 25.00 mL H_2O_2 试液，置于 250 mL 容量瓶中，加水稀释至刻度，定容，摇匀，得 H_2O_2 稀释液。

(2) 准确移取 25.00 mL 稀释后的 H_2O_2 于 250 mL 锥形瓶中，加入 10 mL H_2SO_4 (3 mol·L^{-1})，用蒸馏水稀释至 50 mL。

(3) 用 $KMnO_4$ 标准溶液缓缓滴定，直到溶液呈微红色且 30 s 内不褪色为终点，平行测定 3 次。

3. 数据记录及处理

稀释前双氧水待测液中过氧化氢的含量 $\rho_{H_2O_2}$ 按下式计算

$$\rho_{H_2O_2}\left(g/100\,mL\right)=\frac{\dfrac{5}{2}c_{KMnO_4}\times V_{KMnO_4}\times M_{H_2O_2}\times10^{-3}}{25.00\times\dfrac{25.00}{250.0}}\times100$$

数据记录及内容处理见表 2-25-1。

表 2-25-1　高锰酸钾法测定双氧水

测定次序		1	2	3
V_{KMnO_4} 溶液用量	V_{KMnO_4} 终读数/mL			
	V_{KMnO_4} 初读数/mL			
	V_{KMnO_4} /mL			
$\bar{c}_{KMnO_4}$ /(mol・L^{-1})				
$V_{H_2O_2}$ /mL				
$\rho_{H_2O_2}$ /(g・100 mL^{-1})				
$\bar{\rho}_{H_2O_2}$ /(g・100 mL^{-1})				
个别测定的绝对偏差				
平均偏差				
相对平均偏差				

五、思考题

(1) 用 KMnO$_4$ 法测定 H$_2$O$_2$ 时，能否用 HNO$_3$、HCl 或 HAc 控制溶液酸度？为什么？

(2) 为什么不直接移取试样 1 mL 进行测定，而要将试样稀释 10 倍后再移取 25 mL 进行测定？这样做的目的是什么？

(3) 用 KMnO$_4$ 法测定 H$_2$O$_2$ 含量时，能否在加热条件下滴定？为什么？

(4) 配好的 KMnO$_4$ 溶液为什么要装在棕色瓶中放置暗处保存？

实验 26 石灰石中钙的测定

一、目的要求

(1) 学习沉淀分离的基本知识和操作(沉淀、过滤及洗涤等)。

(2) 了解用高锰酸钾法测定石灰石中钙含量的原理和方法，尤其是结晶型草酸钙沉淀和分离的条件及洗涤草酸钙沉淀的方法。

二、实验原理

石灰石的主要成分是 $CaCO_3$，较好的石灰石中 CaO 含量为 45%～53%，此外还含有 SiO_2、Fe_2O_3、Al_2O_3 及 MgO 等杂质。

测定钙的方法很多，快速的方法是配位滴定法(参考实验 23 水的硬度测定)，较精确的方法是本实验采用的高锰酸钾法。后一种方法是将 Ca^{2+} 沉淀为 CaC_2O_4，将沉淀滤出并洗净后，溶于稀 H_2SO_4 溶液，再用 $KMnO_4$ 标准溶液滴定与 Ca^{2+} 相当的 $C_2O_4^{2-}$，根据所用 $KMnO_4$ 溶液的体积和浓度计算试样中钙或氧化钙的含量。

主要反应如下：

$$CaCO_3 + HCl \xrightarrow{\Delta} CaCl_2 + H_2O + CO_2\uparrow$$
$$Ca^{2+} + C_2O_4^{2-} =\!=\!= CaC_2O_4\downarrow$$
$$CaC_2O_4 + H_2SO_4 =\!=\!= CaSO_4 + H_2C_2O_4$$
$$5H_2C_2O_4 + 2MnO_4^- + 6H^+ =\!=\!= 2Mn^{2+} + 10CO_2\uparrow + 8H_2O$$

此法用于含 Mg^{2+} 及碱金属的试样时，其他金属阳离子不应存在，这是由于它们与 $C_2O_4^{2-}$ 容易生成沉淀或共沉淀而形成正误差。

当$[Na^+]$(K^+ 共沉淀不显著)>$[Ca^{2+}]$时，$Na_2C_2O_4$ 共沉淀形成正误差。若 Mg^{2+} 存在，往往产生后沉淀。如果溶液中含 Ca^{2+} 和 Mg^{2+} 量相近，也产生共沉淀；如果过量的 $C_2O_4^{2-}$ 浓度足够大，则形成可溶性草酸镁配合物$[Mg(C_2O_4)_2]^{2-}$；若在沉淀完毕后即进行过滤，则此干扰可减小。当 $[Mg^{2+}]$>$[Ca^{2+}]$时，共沉淀影响很严重，需要进行再沉淀。

按照经典方法，需用碱性熔剂熔融分解试样，制成溶液，分离除去 SiO_2、Fe^{3+}、Al^{3+}，然后测定钙，但是其过程太烦琐。若试样中含酸不溶物较少，可以用酸溶解，Fe^{3+}、Al^{3+} 可用柠檬酸铵掩蔽，不必沉淀分离，这样就可简化分析步骤。

CaC_2O_4 是弱酸盐沉淀，其溶解度随溶液酸度增大而增加，在 pH≈4 时，CaC_2O_4 的溶解损失可以忽略。一般采用在酸性溶液中加入$(NH_4)_2C_2O_4$，再滴加氨水逐渐中和溶液中的 H^+，使$[C_2O_4^{2-}]$缓缓增大，CaC_2O_4 沉淀缓慢形成，最后控制溶液 pH 值在 3.5～4.5。这样，

既可使 CaC_2O_4 沉淀完全，又不致生成 $Ca(OH)_2$ 或 $Ca_2(OH)_2C_2O_4$ 沉淀，能获得组成一定、颗粒粗大而纯净的 CaC_2O_4 沉淀。

其他矿石中的钙，也可用本法测定。

三、主要仪器与试剂

(1) 仪器：玻璃砂芯漏斗(4 号，25～30 mL)、滤纸。

(2) 试剂：HCl(6 mol·L⁻¹)、H_2SO_4(3 mol·L⁻¹)、HNO_3(2 mol·L⁻¹，滴瓶装)、甲基橙(0.1%)、氨水(3 mol·L⁻¹)、柠檬酸铵(10%)、$(NH_4)_2C_2O_4$(0.25 mol·L⁻¹)、$(NH_4)_2C_2O_4$(0.1%)、$AgNO_3$(0.1 mol·L⁻¹)(滴瓶装)、$KMnO_4$ 标准溶液。

四、实验内容

1. 样品的溶解

准确称取石灰石试样 0.5～1 g，置于 250 mL 烧杯中，滴加少量水使试样润湿(用少量水润湿，以免加 HCl 溶液时产生的 CO_2 将试样粉末冲出)，盖上表面皿，缓缓滴加 6 mol·L⁻¹ HCl 溶液 10 mL，同时不断摇动烧杯。待停止发泡后，小心加热煮沸 2 min，冷却后，仔细将全部物质转入 250 mL 容量瓶中，加水至刻度，摇匀，静置使其中酸不溶物沉降(也可以称取 0.1～0.2 g 试样，用 6 mol·L⁻¹ HCl 溶液 7～8 mL 溶解，得到的溶液不再加 HCl 溶液，直接按下述条件沉淀 CaC_2O_4)。

2. CaC_2O_4 沉淀的生成

准确吸取 50 mL 清液(必要时将溶液用干滤纸过滤到干烧杯中后再吸取)2 份，分别放入 400 mL 烧杯中，加入 5 mL 10%柠檬酸铵溶液(柠檬酸铵配位掩蔽 Fe^{3+} 和 Al^{3+}，以免生成胶体和共沉淀，其用量视铁和铝的含量多少而定)和 120 mL 水，加入甲基橙 2 滴，滴加 6 mol·L⁻¹ HCl 溶液 5～10 mL 至溶液显红色(在酸性溶液中加$(NH_4)_2C_2O_4$，再调 pH，但盐酸只能稍过量，否则用氨水调 pH 时，用量较大)，加入 15～20 mL $(NH_4)_2C_2O_4$ (0.25 mol·L⁻¹)溶液(若此时有沉淀生成，应在搅拌下滴加 6 mol·L⁻¹ HCl 溶液至沉淀溶解，注意勿多加)水浴加热至 70℃～80℃，在不断搅拌下以每秒 1～2 滴的速度滴加 3 mol·L⁻¹ 氨水至溶液由红色变为橙黄色(调节 pH 至 3.5～4.5，使 CaC_2O_4 沉淀完全，MgC_2O_4 不沉淀)，继续保温约 30 min 并随时搅拌，放置冷却(保温是为了使沉淀陈化。若沉淀完毕后，要放置过夜，则不必保温。但对 Mg 含量高的试样，不宜久放，以免后沉淀)。

用中速滤纸(或玻璃砂芯漏斗)以倾泻法过滤。用冷的 0.1%$(NH_4)_2C_2O_4$ 溶液用倾泻法将沉淀洗涤 3～4 次(先用沉淀剂稀溶液洗涤，利用共同离子效应，降低沉淀的溶解度，以减小溶解损失，并且洗去大量杂质)，再用冷水洗涤至洗液不含 Cl⁻ 为止(再用水洗的目的主要是洗去 $C_2O_4^{2-}$。洗至洗液中无 Cl⁻，即表示沉淀中杂质已洗净。洗涤时应注意吹水洗去滤纸上部的 $C_2O_4^{2-}$。检查 Cl⁻ 的方法是滴加 $AgNO_3$ 溶液，根据 Cl⁻ + Ag⁺ = AgCl↓(白)反应来判断，但是 $C_2O_4^{2-}$ 也有类似反应：$C_2O_4^{2-}$ + 2Ag⁺ = $Ag_2C_2O_4$↓(白)。因此，如果洗液中加入 $AgNO_3$ 溶液，没有沉淀生成，表示 Cl⁻ 和 $C_2O_4^{2-}$ 都已洗净。如果加入 $AgNO_3$ 溶液，产生白色沉淀或浑浊，则说明有 $C_2O_4^{2-}$ 或 Cl⁻；若用稀 HNO_3 溶液酸化，沉淀减少或消失，则 $C_2O_4^{2-}$

未洗净。注意洗涤次数和洗涤液体积不可太多)。

3. 钙的测定

将带有沉淀的滤纸贴在原贮沉淀的烧杯内壁(沉淀向杯内)。用 $10 \sim 20$ mL H_2SO_4 (3 mol·L^{-1})溶液仔细将滤纸上沉淀洗入烧杯,用水稀释至 100 mL,加热至 $75 ℃ \sim 85 ℃$,用 0.02 mol·L^{-1} $KMnO_4$ 标准溶液滴定至溶液呈粉红色。然后将滤纸浸入溶液中(在酸性溶液中滤纸消耗 $KMnO_4$;接触时间愈长,消耗愈多,因此只能在滴定至终点前才能将滤纸浸入溶液中),用玻棒搅拌,若溶液褪色,再滴入 $KMnO_4$ 溶液,直至粉红色经 30 s 不褪即达终点。

4. 数据记录及处理

(1) 根据 $KMnO_4$ 标准溶液用量和试样质量计算试样含钙(或 CaO)的百分率。

(2) 数据记录表格自行设计。

五、思考题

(1) 用 $(NH_4)_2C_2O_4$ 沉淀 Ca^{2+} 前,为什么要先加入柠檬酸铵?是否可用其他试剂?

(2) 沉淀 CaC_2O_4 时,为什么要先在酸性溶液中加入沉淀剂 $(NH_4)_2C_2O_4$ 然后在 $70 ℃ \sim 80 ℃$ 时滴加氨水至甲基橙变橙黄色而使 CaC_2O_4 沉淀?中和时为什么选用甲基橙指示剂来指示酸度?

(3) 洗涤 CaC_2O_4 沉淀时,为什么先要用稀 $(NH_4)_2C_2O_4$ 溶液作洗涤液,然后再用冷水洗?怎样判断 $C_2O_4^{2-}$ 洗净没有?怎样判断 Cl^- 洗净没有?

(4) 如果将带有 CaC_2O_4 沉淀的滤纸一起用硫酸处理,再用 $KMnO_4$ 溶液滴定,会产生什么影响?

(5) CaC_2O_4 沉淀生成后为什么要陈化?

(6) $KMnO_4$ 法与配位滴定法测定钙的优缺点各是什么?

(7) 若试样含 Ba^{2+} 或 Sr^{2+},它们对用 $(NH_4)_2C_2O_4$ 沉淀分离 CaC_2O_4 有无影响?若有影响,应如何消除?

(8) 白云石(主要成分是 $CaCO_3$、$MgCO_3$)中 Ca 可用什么方法分析?若用 $KMnO_4$ 法,与分析石灰石有无不同之处?为什么?

实验 27　莫尔法测定氯化物中氯的含量

一、目的要求

(1) 掌握沉淀滴定法中莫尔法的原理及方法。
(2) 准确判断 K_2CrO_4 作指示剂的滴定终点。

二、实验原理

某些可溶性氯化物中 Cl^- 含量的测定常采用莫尔(Mohr)法，此方法是在中性或弱碱性溶液中，以 K_2CrO_4 为指示剂，用 $AgNO_3$ 标准溶液进行滴定。由于 AgCl 的溶解度比 Ag_2CrO_4 的溶解度小，因此溶液中首先析出 AgCl。当 AgCl 定量沉淀后，过量 1 滴 $AgNO_3$ 溶液即与 CrO_4^{2-} 生成砖红色 Ag_2CrO_4 沉淀，指示达到终点。主要反应如下：

$$Ag^+ + Cl^- \rightleftharpoons AgCl \downarrow \text{（白色）} \qquad\qquad K_{sp}^{\theta} = 1.8 \times 10^{-10}$$

$$2Ag^+ + CrO_4^{2-} \rightleftharpoons Ag_2CrO_4 \downarrow \text{（砖红色）} \qquad K_{sp}^{\theta} = 2.0 \times 10^{-12}$$

滴定必须在中性或弱碱性溶液中进行，最适宜 pH 范围为 6.5～10.5。如有铵盐存在，溶液的 pH 必须控制在 6.5～7.2 之间。

指示剂的用量对滴定有影响，一般以 5×10^{-3} mol·L^{-1} 为宜。凡是能与 Ag^+ 生成难溶性化合物或配合物的阴离子如 PO_4^{3-}、AsO_4^{3-}、AsO_3^{3-}、S^{2-}、CO_3^{2-}、$C_2O_4^{2-}$ 等都干扰测定，其中 S^{2-} 可以 H_2S 形式加热煮沸除去，SO_3^{2-} 可氧化成 SO_4^{2-} 后不再干扰测定。大量 Cu^{2+}、Ni^{2+}、Co^{2+} 等有色金属离子将影响终点的观察。其次，凡是能与 CrO_4^{2-} 指示剂生成难溶化合物的阳离子也干扰测定，如 Ba^{2+}、Pb^{2+} 能与 CrO_4^{2-} 分别生成 $BaCrO_4$ 和 $PbCrO_4$ 沉淀，Ba^{2+} 的干扰可加入过量 Na_2SO_4 消除。另外，Al^{3+}、Fe^{3+}、Bi^{3+}、Sn^{4+} 等高价金属离子在中性或弱碱性溶液中易水解产生沉淀，也不应存在。

三、主要仪器及试剂

(1) 仪器：电子天平、酸式滴定管、烧杯、锥形瓶、量筒、容量瓶、移液管。
(2) 试剂：$AgNO_3$(A.R)、K_2CrO_4(5%)、NaCl(s)。

四、实验内容

1. $AgNO_3$(0.1 mol·L^{-1})标准溶液的配制

准确称取 4.2～4.3 g(精确至 0.0001 g)$AgNO_3$ 置于 250 mL 烧杯中，加水 30 mL，完全

溶解后转移至 250 mL 容量瓶中定容，摇匀待用。计算 $AgNO_3$ 标准溶液的准确浓度。

注意，配制 $AgNO_3$ 标准溶液的蒸馏水中应无 Cl^-，否则配成的 $AgNO_3$ 溶液会出现白色浑浊，不能使用。

2. 氯化物中 Cl^- 的测定

准确称取 1.9～2.0 g(精确至 0.0001 g)NaCl 试样置于 250 mL 烧杯中，加 30 mL H_2O 完全溶解后，转移至 250 mL 容量瓶，定容，摇匀。

用移液管准确移取 25.00 mL NaCl 试液于 250 mL 锥形瓶中，加 25 mL H_2O 和 1 mL 5% K_2CrO_4 溶液，在不断摇动下，用 $AgNO_3$ 标准溶液滴定至溶液呈现砖红色沉淀即为滴定终点。平行测定 2～3 次。

根据试样的质量和滴定中消耗的 $AgNO_3$ 标准溶液的体积，计算试样中 Cl^- 的含量。

3. 数据记录及处理

根据实验数据，按以下公式进行数据处理。

$$c_{AgNO_3} = \frac{m_{AgNO_3}}{M_{AgNO_3} \times 250.0 \times 10^{-3}}$$

$$\omega_{Cl} = \frac{c_{AgNO_3} \times V_{AgNO_3} \times M_{Cl} \times 10^{-3}}{m_{NaCl} \times \dfrac{25.00}{250.0}}$$

五、思考题

(1) 莫尔法测 Cl^- 时，为什么溶液的 pH 需控制在 6.5～10.5？

(2) 以 K_2CrO_4 作指示剂时，其浓度太大或太小对测定有何影响？

(3) 在测定条件下，指示剂主要是以 CrO_4^{2-} 还是以 $Cr_2O_7^{2-}$ 形式存在的？为什么？

实验 28　无机及分析化学设计性实验

一、目的要求

(1) 在称量、滴定等基本操作训练的基础上，进一步熟悉和巩固有关知识和实验操作技能。

(2) 培养学生独立操作、独立分析问题和解决问题的能力。

(3) 培养学生查阅参考文献、设计实验方案及书写实验报告的能力。

二、实验任务

(1) 应根据所选的实验题目，查阅相关的文献和资料。

(2) 在查阅参考资料的基础上，拟定实验方案，经教师审阅后，方可进实验室进行实验。

(3) 实验完毕后，根据实验所得数据，写出实验报告。

三、实验设计内容

实验分析方案的设计应包括实验的原理、实验的方法、试剂的配制、标准溶液的配制和标定、指示剂的选择、实验所需仪器、各种试剂取样量的确定、固体试样的溶解方法、具体的分析步骤和分析结果的计算等方面的内容。

四、实验选题

(1) 食品中 $NaHCO_3$ 和 Na_2CO_3 含量的测定(可参考实验 21　混合碱的测定)。

(2) 酸雨中 SO_4^{2-} 的测定(EDTA 法)。

(3) 铁矿石中铁含量的测定。

(4) 盐酸与磷酸混合液的分析。

(5) 醋酸与盐酸混合液的分析。

(6) 甲酸与醋酸混合液的分析。

(7) 磷酸钙测定方法的对比实验(酸碱滴定法，配位滴定法和氧化还原滴定法)。

(8) 水中溶解氧的测定。

(9) 铁、铝混合液中各组分的连续滴定。

(10) 漂白粉中有效氯的测定。

实验 29　邻二氮菲分光光度法测定铁

一、目的要求

(1) 掌握邻二氮菲分光光度法测定铁的基本原理和方法。
(2) 学习 721 型分光光度计的工作原理及使用方法。

二、实验原理

以邻二氮菲作为显色剂测定微量铁，具有方法灵敏、准确度高、重现性好等优点。Fe^{2+} 与邻二氮菲在 pH 为 2～9 的溶液中，生成水溶性的橙红色螯合物$[(C_{12}H_8N_2)_3Fe]^{2+}$，该螯合物在水溶液中非常稳定，它的 $\lg K_f^{\ominus} = 21.3(20℃)$，摩尔吸光系数 $\varepsilon_{max} = \varepsilon_{510} = 1.1 \times 10^4$ $(L \cdot mol \cdot cm^{-1})$。反应如下：

测定时，Fe^{3+} 必须还原为 Fe^{2+} 再与邻二氮菲反应。否则 Fe^{3+} 也与邻二氮菲反应，生成 3∶1 的淡蓝色螯合物。

铁含量在 0.1～6 $\mu g \cdot mL^{-1}$ 时符合比耳定律。如果测定 Fe^{3+} 或总铁量，可加入盐酸羟胺$(NH_2OH \cdot HCl)$，将 Fe^{3+} 还原为 Fe^{2+}。为了防止 Fe^{3+} 的水解，应在 pH<3 时还原 Fe^{3+}，反应如下：

$$2Fe^{3+} + 2NH_2OH \cdot HCl = 2Fe^{2+} + 4H^+ + 2Cl^- + N_2\uparrow + 2H_2O$$

然后加入邻二氮菲显色剂，再加入 NaAc 形成缓冲溶液。

本方法的选择性很强，相当于含铁量 40 倍的 Sn^{2+}、Al^{3+}、Ca^{2+}、Mg^{2+}、Zn^{2+}、SiO_3^{2-}，20 倍的 Cr^{3+}、Mn^{2+}、PO_4^{3-} 等均不干扰测定。Bi^{3+}、Cd^{2+}、Hg^{2+}、Ag^+、Zn^{2+} 等在 pH 为 2～9 时与邻二氮菲生成沉淀，Co^{2+}、Ni^{2+}、Cu^{2+} 与邻二氮菲形成有色配合物。因此，当这些离子共存时，应排除它们的干扰。

三、主要仪器与试剂

(1) 仪器：721 型分光光度计、吸量管、容量瓶、比色皿、洗瓶。

(2) 试剂：铁标准溶液(100 μg · mL⁻¹)、邻二氮菲水溶液(0.15%)、NaAc(1 mol · L⁻¹)、盐酸羟胺(10%，临用时配制)。

四、实验内容

1. 铁含量的测定和标准曲线的绘制

在 7 只 50 mL 容量瓶中，用吸量管分别加入 0.00 mL、0.20 mL、0.40 mL、0.60 mL、0.80 mL、1.00 mL 铁标准溶液(含铁量 100 μg · mL⁻¹)，在第 7 只容量瓶中加入 5.00 mL 铁未知液，再分别加入 1.00 mL 盐酸羟胺溶液(10%)，2.00 mL 邻二氮菲溶液(0.15%)和 5.00 mL NaAc(1 mol · L⁻¹)溶液，用蒸馏水稀释至刻度，摇匀。在所选定的波长下，用 2 cm 比色皿，以不含铁的试剂溶液(0 号)为参比溶液，测定各溶液的吸光度。以铁标准溶液的质量浓度 ρ 为横坐标，吸光度 A 为纵坐标，绘出标准曲线。从标准曲线上查出未知液的浓度，再计算原未知液的含铁量。

2. 吸收曲线的绘制

选用上述所配制的第 4 号溶液，在分光光度计上，用 1 cm 的比色皿，以不含铁的试剂溶液(0 号)为空白溶液，在 440～540 nm 之间，每隔 10 nm 测定一次吸光度(改变波长后，必须重新调零)。以波长为横坐标，吸光度(A)为纵坐标，绘制吸收曲线，从而可以验证铁的最大吸收波长。

3. 数据记录及处理

1) 铁含量的测定和标准曲线的绘制

(1) 溶液的配制(见表 2-29-1)。

表 2-29-1　溶液的配制

项　目	数　值						
	0 号	1 号	2 号	3 号	4 号	5 号	未知
加入铁标准溶液体积/mL	0.00	0.20	0.40	0.60	0.80	1.00	
加入铁试液体积/mL							5.00
加入盐酸羟胺体积/mL	1.00	1.00	1.00	1.00	1.00	1.00	1.00
加入邻二氮菲体积/mL	2.00	2.00	2.00	2.00	2.00	2.00	2.00
加入 NaAc 体积/mL	5.00	5.00	5.00	5.00	5.00	5.00	5.00
加水	定容，摇匀，静置，测定						

(2) 数据记录(见表 2-29-2)。

表 2-29-2　实验数据记录

量/单位	数　值						
	0 号	1 号	2 号	3 号	4 号	5 号	未知
$\rho_{Fe}/(\mu g \cdot mL^{-1})$							
吸光度(A)							

(3) 绘制标准曲线。

(4) 从标准曲线上查得：

$$\rho_{Fe} = \qquad\qquad \mu g \cdot mL^{-1}$$

原试液 $\qquad \rho_{Fe} = \qquad\qquad \mu g \cdot mL^{-1}$

2) 吸收曲线的绘制

(1) 记录数据(见表 2-29-3)。

表 2-29-3　4 号溶液在不同波长下的吸光度

波长/nm	440	450	460	470	480	490	500	510	520	530	540
吸光度(A)											

(2) 绘制吸收曲线，得到或验证最大吸收波长。

五、思考题

(1) 什么叫吸收曲线？什么叫标准曲线？有何实际意义？

(2) 邻二氮菲分光光度法测定微量铁时，加入盐酸羟胺、NaAc 和邻二氮菲的作用是什么？加入的次序是否可前后改变？

(3) 本实验中，用移液管(或吸量管)移取各溶液，哪些溶液的体积必须准确移取？

(4) 若稀释符合比耳定律的有色溶液时，其最大吸收峰的位置会变化吗？

实验 30　混合物的保留值法定性分析及归一化法定量分析

一、目的要求

(1) 掌握气相色谱仪的使用方法及微量进样器的使用技术。

(2) 熟悉保留值、相对校正因子、峰高和半峰宽的测定方法。

(3) 学习保留值法定性分析及归一化法定量分析方法。

二、实验原理

1. 定性分析

定性分析的任务是确定色谱图上各个峰代表什么物质。各物质在一定色谱条件下有其确定的保留值，因此，保留值是定性分析的基础，可利用标准物质对照法、保留指数 I 等方法进行定性分析。但有时不同物质具有相近或相同的保留值，因此，对于复杂样品，色谱定性鉴定能力较弱，可和其他仪器如质谱、光谱联用来进行定性分析。

当有待测组分的标准物质时，可将未知样品各个色谱峰的保留值与其对应的标准物质的保留值(在相同条件下测得的)进行对照比较，就能确定各色谱峰的归属，此方法比较简单，但操作条件要稳定。也可采用相对保留值定性，它仅与所用的固定相和温度有关，不受其他操作条件的影响。相对保留值 r_{is} 为

$$r_{is} = \frac{t'_{Ri}}{t'_{Rs}} = \frac{t_{Ri} - t_M}{t_{Rs} - t_M}$$

式中，t_M 为死时间，t_{Ri} 和 t'_{Ri} 分别为待测物的保留时间和调整保留时间，t_{Rs} 和 t'_{Rs} 分别为标准物的保留时间和调整保留时间。

2. 定量分析

定量分析的任务是测定混合样品中各组分的含量。定量分析的依据是待测物质的质量 m_i 与检测器产生的信号 A_i(色谱峰面积)成正比：

$$m_i = f'_i A_i$$

式中 f'_i 为比例常数，称为绝对校正因子。由于各组分在同一检测器上具有不同的响应值，即使两组分含量相同，在检测器上得到的信号往往不相等，所以，不能用峰面积来直接计算各组分的含量。因此，在进行定量分析时，引入相对校正因子 f_i(即通常所说的校正因子)。

$$f_i = \frac{f'_i}{f'_s} = \frac{m_i / A_i}{m_s / A_s} = \frac{m_i \cdot A_s}{m_s \cdot A_i}$$

式中 f_s'、m_s、A_s 分别为标准物质的绝对校正因子、质量和峰面积。由该式可知 $f_i A_i = m_i \dfrac{A_s}{m_s}$，

利用相对校正因子可将各组分峰面积校正为相当于标准物质的峰面积，利用校正后的峰面积便可准确计算物质的含量。常用的定量分析方法有归一化法、内标法、外标法和内加法等，它们各有一定的优缺点和适用范围。本实验将介绍归一化法。

归一化法是将所有出峰组分的含量之和按 100%计算的定量方法，分别求出样品中各个组分的峰面积和校正因子，然后根据下式分别求出各组分的含量。

$$\omega_i = \frac{A_i f_i}{A_1 f_1 + A_2 f_2 + \cdots + A_n f_n} = \frac{A_i f_i}{\sum\limits_{i=1}^{n} A_i f_i}$$

其中对称峰峰面积 $A = 1.065 h Y_{1/2}$；若色谱峰为不对称峰，峰面积为 $A = 1.065 h \times \dfrac{1}{2}(Y_{0.15} + Y_{0.85})$。

归一化法的优点是简便、准确，不必准确称量和准确进样，操作条件稍有变化对结果影响较小，是常用的一种定量方法，但归一化法要求样品中的所有组分都出峰，并且需测出它们的峰面积和校正因子。

三、主要仪器与试剂

(1) 仪器：气相色谱仪(任一型号)、热导检测器、氢气发生器、微量进样器、滴管、磨口试管、色谱柱(2 m × 4 mm)。

(2) 试剂：

① 固定液：邻苯二甲酸二壬酯。

② 载体：201 红色载体(60～80 目，液载比 15%)。

③ 试剂：正戊烷(A.R)、正己烷(A.R)、正庚烷(A.R)、环己烷(A.R)、苯(A.R)、未知物。

四、实验内容

1. 色谱操作条件

氢气流速为 20～30 mL·min^{-1}，柱温 80℃、热导温度 130℃、汽化室温度 110℃。

开启色谱仪，按色谱仪器操作步骤和上面所列色谱操作条件进行调试，待基线稳定后，即可进样。

2. 调节色谱工作站

调节相对应的程序，定量时选择归一化法。进样和出峰完毕后，打印出图。

3. 色谱图的绘制

用 1 μL 进样器吸取下列各组溶液进样，绘制色谱图。

(1) 取正戊烷、正己烷各 5 滴，正庚烷 10 滴于磨口试管中混合均匀。取混合液 0.4 μL 进样，出色谱峰，打印出图。

(2) 取环己烷、苯各 5 滴于磨口试管中混合均匀，取混合液 0.4 μL 进样，出色谱峰，打印出图。

(3) 取 1.0 μL 未知液进样，出色谱峰，打印出图。

4. 数据记录及处理

1) 记录色谱条件

记录检测器的类型、操作条件，柱子的柱长、内径、填充物，柱温，汽化室温度，载气的种类、流速，进样量，衰减等。

2) 定性分析

根据测得的未知物的保留时间和标准物的保留时间进行比较，判断未知物的组成以及各个峰所代表的物质。

3) 定量分析

定量分析的任务是测定混合样品中各组分的含量。根据所得色谱图，直接得到被测定物质的含量(仪器给出)。

五、思考题

(1) 用 t_R，t_R'，r_{is} 定性时，哪种方法更好？

(2) 为什么进样量准确与否不影响归一化法结果？

(3) 在实验中，实验条件有所变化是否会影响测定结果？为什么？

(4) 试讨论色谱仪温度对分离的影响。

实验 31　电位滴定法测定自来水及维生素 B₁ 中的氯离子

一、目的要求

(1) 掌握电位法沉淀滴定的原理及方法。

(2) 学会用离子计测量电动势的方法。

(3) 掌握电位滴定中滴定终点的确定方法。

二、实验原理

Cl^- 是水中主要阴离子之一，一般当 Cl^- 含量超过 $250\ mg \cdot L^{-1}$ 时，水就有些咸味。水中 Cl^- 含量高时，对金属管道和农作物都有害处。

测定水中 Cl^- 的含量，一般都用 $AgNO_3$ 标准溶液滴定。它的滴定终点，除了用 K_2CrO_4 和 $NH_4Fe(SO_4)_2$ 等指示剂，也可用电位法来确定。

如果待测试样较浑浊或带有颜色，则靠颜色变化来确定终点的方法就有困难，如维生素 B₁ 片剂中含氯量的测定。

维生素 B₁，又名盐酸硫胺($C_{12}H_{17}ClN_4OS \cdot HCl$)，分子中的氯在水溶液中可完全解离成 Cl^-。Cl^- 通常以溴酚蓝作吸附指示剂，用 $AgNO_3$ 溶液滴定。但这种方法不能用于维生素 B₁ 片剂的测定，因为片剂中还有糊精、淀粉等填料，以致药片会在水中生成悬浊液，而用电位滴定方法，就能克服这一困难。

用 $AgNO_3$ 溶液滴定 Cl^- 时，发生下列反应：

$$Ag^+ + Cl^- =\!=\!= AgCl\downarrow$$

电位滴定时可选用对 Cl^- 或 Ag^+ 有响应的电极作指示电极，本实验以银电极(氯电极也可以)作指示电极，带硝酸钾盐桥的饱和甘汞电极作参比电极，并与待测试液组成电池。由于银电极的电势与 Ag^+ 浓度有关，在 25℃ 时为

$$E_{Ag^+/Ag} = E_{Ag^+/Ag}^{\ominus} + 0.059\ 21\lg[c_{Ag^+}/c^{\ominus}]$$

随着滴定的进行，Ag^+ 浓度逐渐改变，因而银电极的电极电势亦随之变化，当滴定至终点附近时，Ag^+ 浓度发生突变，引起银电极的电极电势也随之发生突变，因而使得溶液的电动势将会有一个突变。

滴定终点可由 E-V 曲线法、$\Delta E/\Delta V$-V(一阶微商曲线)法、$\Delta^2 E/\Delta V^2$-V(二阶微商曲线)法，以及二阶微商计算法确定滴定终点。

Br^-、I^-，$Fe(CNS)_6^{3-}$、CrO_4^{2-}、$Cr_2O_7^{2-}$ 等对本实验的测定有干扰。

三、主要仪器与试剂

(1) 仪器：PXD-2 型通用离子计、银电极(氯电极)、饱和甘汞电极(双盐桥)、磁力搅拌器、滴定管、吸量管、量筒、烧杯。

(2) 试剂：NaCl(A.R)、AgNO$_3$ 溶液(0.02 mol·L^{-1})、氨水(1：1)。

四、实验内容

1. NaCl(0.02 mol·L^{-1})标准溶液的配制

称取 1.1689 g 优级纯 NaCl(预先在 400℃～450℃灼烧至无爆裂声响后，放在干燥器内冷却到室温)，溶解在少量的去离子水中，然后转移至 1 L 容量瓶中，用去离子水稀释至刻度，摇匀。

2. AgNO$_3$ 标准溶液的标定

(1) 调节仪器。

按图 2-31-1 搭好装置，调节仪器，银电极接离子计的"选择电极"，饱和甘汞电极接"参比电极"。测量步骤见 PXD-2 型离子计的使用说明书。

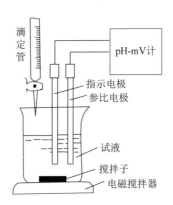

图 2-31-1　电位滴定装置图

(2) 电位滴定。

① 用移液管取 10.00 mL NaCl(0.02 mol·L^{-1})标准溶液于 100 mL 烧杯中，再加约 25 mL 蒸馏水，将此烧杯放在电磁搅拌器上，放入搅拌子，然后将清洗后的银电极和双盐桥饱和甘汞电极插入溶液。(注意，勿使电极与搅拌子相碰。)准备滴定管并在滴定管内注入 AgNO$_3$ 溶液，调零。

② 开动搅拌器，溶液应稳定而缓慢地搅动，并测量电动势，记下滴定管初读数和毫伏读数，然后，由滴定管加入一定体积的 AgNO$_3$ 溶液，待电位稳定后，读取滴定管读数和电动势值。每次滴加的 AgNO$_3$ 溶液的体积，开始时可大些，如 1.00 mL，但在接近化学计量点时应少些，如 0.10 mL。但每次加入的量应相同，这样有利于滴定终点的计算，滴定至化学计量点后，还应继续滴定。

(3) 重复测定两次，电极、烧杯及搅拌子依次用氨水、去离子水淋洗。

3. 自来水中 Cl⁻ 含量的测定

用移液管取 5～10 mL 水样(准确至 0.01 mL)于 100 mL 烧杯中，再加约 40 mL 蒸馏水，其余操作同 $AgNO_3$ 标准溶液的标定步骤②。

4. 维生素 B₁ 片剂中总氯量的测定

在 100 mL 烧杯中，放入两片维生素 B_1 片剂(每片含维生素 B_1 10 mg)，加入约 40 mL 蒸馏水，待片剂均匀分散后，操作同 $AgNO_3$ 标准溶液的标定步骤②。

5. 数据记录及处理

(1) 记录标定 $AgNO_3$ 溶液时得到的实验数据，作出电动势对 $AgNO_3$ 体积用量的滴定曲线(E-V 曲线)，并用二次微商法确定终点，计算 $AgNO_3$ 溶液的浓度。

(2) 记录测定水样中 Cl⁻ 含量时得到的实验数据。用二阶微商法确定终点，计算水样中 Cl⁻ 的含量($mg \cdot L^{-1}$)。

(3) 记录测定维生素 B_1 时得到的实验数据，用二次微商法确定终点，计算维生素 B_1 片剂的总氯含量。

设：V_{AgNO_3} 为滴定终点时 $AgNO_3$ 溶液的体积(mL)，c_{AgNO_3} 为 $AgNO_3$ 溶液的浓度。氯的摩尔质量 M_{Cl} 为 $35.5 \, g \cdot mol^{-1}$，每片剂维生素 B_1 以 10 mg 计，每片剂维生素 B_1 中氯的含量为

$$\omega_{Cl} = \frac{c_{AgNO_3} V_{AgNO_3} M_{Cl}}{10 \times 2}$$

五、思考题

(1) 叙述双盐桥甘汞电极的结构特点及在本实验中的作用。

(2) 滴定操作时应注意哪些问题？

(3) 如果使用氯电极，电动势该如何计算？

实验 32　原子吸收分光光度法测定自来水中的 Mg

一、目的要求

(1) 掌握原子吸收分光光度法的基本原理。

(2) 了解原子吸收分光光度计的基本结构及其使用方法。

(3) 掌握标准曲线法测定自来水中 Mg 的含量。

二、实验原理

原子吸收分光光度法主要用于定量分析，它是基于从光源中辐射出的待测元素的特征谱线通过试样的原子蒸气时，被蒸气中待测元素的基态原子所吸收，使透过的谱线强度减弱。在一定条件下，其吸收的强度与试液中待测元素的浓度符合比耳定律。即

$$A = Kc$$

本实验采用标准曲线法测定自来水中 Mg 的含量，即先用已知不同浓度的镁标准溶液测出不同的吸光度，绘制成标准曲线。在同样条件下测定待测试样的吸光度，从标准曲线上即可查出水样中 Mg 的含量。

三、主要仪器与试剂

(1) 仪器：原子吸收分光光度计(任一型号)、镁空心阴极灯、空压机、乙炔钢瓶、容量瓶、烧杯、洗瓶。

(2) 试剂：MgO(s)、HCl($1 \ mol \cdot L^{-1}$)。

四、实验内容

1. 50 μg·mL^{-1} 镁储备液的配制

准确称取 0.0829 克 MgO 于烧杯中，用适量的 HCl 溶解后，转移到 1 L 容量瓶中，用水稀释至刻度，摇匀备用。

2. 10 μg·mL^{-1} 镁标准工作溶液

准确吸取 50 μg·mL^{-1} 镁储备液 20.00 mL 置于 100 mL 容量瓶中，用水稀释至刻度，摇匀备用。

3. 标准溶液吸光度的测定

分别吸取 1.00 mL、2.00 mL、3.00 mL、4.00 mL、5.00 mL 10 μg·mL^{-1} 镁标准工作

溶液于 5 个洗净的 100 mL 容量瓶中，用水稀释至刻度，得浓度分别为 0.10 μg・mL^{-1}、0.20 μg・mL^{-1}、0.30 μg・mL^{-1}、0.40 μg・mL^{-1}、0.50 μg・mL^{-1} 标准溶液。调节好仪器的实验条件，分别进样，测得各标准溶液的吸光度。

4. 自来水样的测定

准确吸取自来水样 5.00 mL 于 100 mL 容量瓶中，用水稀释至刻度，摇匀，于同样条件下测该溶液的吸光度。

5. 数据记录及处理

1) 记录实验条件

(1) 仪器型号；

(2) 吸收线波长(nm)；

(3) 空心阴极灯电流(mA)；

(4) 狭缝宽度(nm)；

(5) 乙炔流量(L・min^{-1})；

(6) 空气流量(L・min^{-1})。

2) 根据标准溶液的浓度和吸光度绘制标准曲线

3) 计算 Mg 的含量

根据自来水样的吸光度，在上述标准曲线上查得水样中 Mg 的浓度(μg・mL^{-1})，若稀释须乘上稀释倍数求得原始自来水中 Mg 的含量，即：

$$c_{Mg}(\mu g \cdot mL^{-1}) = c'_{Mg} \times \frac{100.0}{5.00}$$

式中：c' 为标准曲线上查得水样中 Mg 的浓度，c 为原始自来水中 Mg 的浓度。

五、思考题

(1) 原子吸收分光光度法的理论依据是什么？

(2) 原子吸收分光光度分析为何要用待测元素的空心阴极灯做光源？能否用氢灯或钨灯代替，为什么？

(3) 如何选择最佳的实验条件？

附　　录

附录 A　元素的相对原子质量

原子核序数	名称	符号	相对原子质量	原子核序数	名称	符号	相对原子质量
1	氢	H	1.008	29	铜	Cu	63.55
2	氦	He	4.003	30	锌	Zn	65.39
3	锂	Li	6.941	31	镓	Ga	69.72
4	铍	Be	9.012	32	锗	Ge	72.61
5	硼	B	10.81	33	砷	As	74.92
6	碳	C	12.01	34	硒	Se	78.96
7	氮	N	14.01	35	溴	Br	79.90
8	氧	O	16.00	36	氪	Kr	83.80
9	氟	F	19.00	37	铷	Rb	85.47
10	氖	Ne	20.18	38	锶	Sr	87.62
11	钠	Na	22.99	39	钇	Y	88.91
12	镁	Mg	24.31	40	锆	Zr	91.22
13	铝	Al	26.98	41	铌	Nb	92.91
14	硅	Si	28.09	42	钼	Mo	95.94
15	磷	P	30.97	43	锝	Te	97.97
16	硫	S	32.07	44	钌	Ru	101.1
17	氯	Cl	35.45	45	铑	Rh	102.9
18	氩	Ar	39.95	46	钯	Pd	106.4
19	钾	K	39.10	47	银	Ag	107.9
20	钙	Ca	40.08	48	镉	Cd	112.4
21	钪	Sc	44.96	49	铟	In	114.8
22	钛	Ti	47.88	50	锡	Sn	118.7
23	钒	V	50.94	51	锑	Sb	121.8
24	铬	Cr	52.00	52	碲	Te	127.6
25	锰	Mn	54.94	53	碘	I	126.9
26	铁	Fe	55.85	54	氙	Xe	131.3
27	钴	Co	58.93	55	铯	Cs	132.9
28	镍	Ni	58.69	56	钡	Ba	137.3

原子核序数	名称	符号	相对原子质量	原子核序数	名称	符号	相对原子质量
57	镧	La	138.9	84	钋	Po	[210.0]
58	铈	Ce	140.1	85	砹	At	[210.0]
59	镨	Pr	140.9	86	氡	Rn	[222.0]
60	钕	Nd	144.2	87	钫	Fr	[223.0]
61	钷	Pm	[144.9]	88	镭	Ra	[226.0]
62	钐	Sm	150.4	89	锕	Ac	[232.0]
63	铕	Eu	152.0	90	钍	Th	[227.0]
64	钆	Gd	157.3	91	镤	Pa	[231.0]
65	铽	tB	158.9	92	铀	U	[238.0]
66	镝	Dy	162.5	93	镎	Np	[237.1]
67	钬	Ho	164.9	94	钚	Pu	[244.1]
68	铒	Er	167.3	95	镅*	Am	[243.1]
69	铥	Tm	168.9	96	锔*	Cm	[247.1]
70	镱	Yb	173.0	97	锫*	Bk	[247.1]
71	镥	Lu	175.0	98	锎*	Cf	[251.1]
72	铪	Hf	178.5	99	锿*	Es	[252.1]
73	钽	Ta	180.9	100	镄*	Fm	[257.1]
74	钨	W	183.8	101	钔*	Md	[258.1]
75	铼	Re	186.2	102	锘*	No	[259.1]
76	锇	Os	190.2	103	铹*	Lr	[260.0]
77	铱	Ir	192.2	104	Ung*	Rf	[261.1]
78	铂	Pt	195.1	105	Unp*	Db	[262.1]
79	金	Au	197.0	106	Unh*	Sg	[263.1]
80	汞	Hg	200.6	107	Uns*	Bh	[264.1]
81	铊	Tl	204.4	108	Uno*	Hs	[265.1]
82	铅	Pb	207.2	109	Une*	Mt	[268]
83	铋	Bi	209.0				

说明：① 根据 IUPAC1995 年提供的 5 位有效数字原子量数据截取。

② 相对原子质量加 "[ ]" 为放射性元素半衰期最长同位素的质量数。

③ 元素名称注有 "*" 的为人造元素。

附录 B　常用化合物的相对分子质量

化合物	相对分子质量	化合物	相对分子质量	化合物	相对分子质量
Ag_3AsO_4	462.52	$BiCl_3$	315.34	$CrCl_3 \cdot 6H_2O$	266.45
$AgBr$	187.77	$BiOCl$	260.43	$Cr(NO_3)_3$	238.01
$AgCl$	143.32	CaO	56.08	Cr_2O_3	151.99
$AgCN$	133.89	$CaCO_3$	100.09	$CuCl$	98.999
$AgSCN$	165.95	CaC_2O_4	128.10	$CuCl_2$	134.45
Ag_2CrO_4	331.73	$CaCl_2$	110.99	$CuCl_2 \cdot 2H_2O$	170.48
AgI	234.77	$CaCl_2 \cdot 6H_2O$	219.08	$CuSCN$	121.62
$AgNO_3$	169.87	$Ca(NO_3)_2 \cdot 4H_2O$	236.15	CuI	190.45
$AlCl_3$	133.34	$Ca(OH)_2$	74.09	$Cu(NO_3)_2$	187.56
$AlCl_3 \cdot 6H_2O$	241.43	$Ca_3(PO_4)_2$	310.18	$Cu(NO_3)_2 \cdot 3H_2O$	241.60
$AlNO_3$	213.00	$CaSO_4$	136.14	CuO	79.545
$Al(NO_3) \cdot 9H_2O$	375.13	$CdCO_3$	172.42	Cu_2O	143.09
Al_2O_3	101.96	$CdCl_2$	183.32	CuS	95.61
$Al(OH)_3$	78.00	CdS	144.47	$CuSO_4$	159.60
$Al_2(SO_4)_3$	342.14	$Ce(SO_4)_2$	332.24	$CuSO_4 \cdot 5H_2O$	249.68
$Al_2(SO_4)_3 \cdot 18H_2O$	666.41	$Ce(SO_4)_2 \cdot 4H_2O$	404.30	CH_3OONH_4	77.083
As_2O_3	197.84	CH_3COOH	60.052	CH_3COONa	82.034
As_2O_5	229.84	CO_2	44.01	$CH_3COONa \cdot 3H_2O$	136.08
As_2S_3	246.02	$COCl_2$	129.84	$FeCl_2$	126.75
$BaCO_3$	197.34	$CoCl_2 \cdot 6H_2O$	237.93	$FeCl_2 \cdot 4H_2O$	198.81
BaC_2O_4	225.34	$Co(NO_3)_2$	182.94	$FeCl_3$	162.21
$BaCl_2$	208.24	$Co(NO_3)_2 \cdot 6H_2O$	291.03	$FeCl_3 \cdot 6H_2O$	270.30
$BaCl_2 \cdot 2H_2O$	244.27	CoS	90.99	$FeNH_3(SO_4)_2 \cdot 12H_2O$	482.18
$BaCrO_4$	253.32	$CoSO_4$	154.99	$Fe(NO_3)_3$	241.86
BaO	153.33	$CoSO_4 \cdot 7H_2O$	281.10	$Fe(NO_3)_3 \cdot 9H_2O$	404.00
$Ba(OH)_2$	171.34	$Co(NH_2)_2$	60.06	FeO	71.846
$BaSO_4$	233.39	$CrCl_3$	158.35	Fe_2O_3	159.69

化合物	相对分子质量	化合物	相对分子质量	化合物	相对分子质量
Fe_3O_4	231.54	H_2O_2	34.015	KNO_3	101.10
$Fe(OH)_2$	106.87	H_3PO_4	97.995	KNO_2	85.104
FeS	87.91	H_2S	34.08	K_2O	94.196
Fe_2S_3	207.87	H_2SO_3	82.07	KOH	56.106
$FeSO_4$	151.90	H_2SO_4	98.07	K_2SO_4	172.25
$FeSO_4 \cdot 7H_2O$	278.01	$Hg(CN)_2$	252.63	$MgCO_3$	84.314
$FeSO_4(NH_4)_2SO_4 \cdot 6H_2O$	392.15	$HgCl_2$	271.50	$MgCl_2$	95.211
HgI_2	454.40	Hg_2Cl_2	472.09	$MgCl_2 \cdot 6H_2O$	203.30
$Hg_2(NO_3)_2$	525.19	$KAl(SO_4)_2 \cdot 12H_2O$	474.38	MgC_2O_4	112.3
$Hg_2(NO_3)_2 \cdot 2H_2O$	561.22	KBr	119.00	$Mg(NO_3)_2 \cdot 6H_2O$	256.41
$Hg(NO_3)_2$	324.60	$KBrO_3$	167.00	$MgNH_4PO_4$	137.32
HgO	216.59	KCl	74.551	MgO	40.304
HgS	232.65	$KClO_3$	122.55	$Mg(OH)_2$	58.32
$HgSO_4$	296.65	$KClO_4$	138.55	$Mg_2P_2O_7$	222.55
Hg_2SO_4	497.24	KCN	65.116	$MgSO_4 \cdot 7H_2O$	246.47
H_3AsO_3	125.94	$KSCN$	97.18	$MnCO_3$	114.95
H_3AsO_4	141.94	K_2CO_3	138.21	$MnCl_2 \cdot 4H_2O$	196.91
H_3BO_3	61.88	K_2CrO_4	194.19	$Mn(NO_3)_2 \cdot 6H_2O$	287.04
HBr	80.912	$K_2Cr_2O_7$	294.28	MnO	70.937
HCN	27.026	$K_3Fe(CN)_6$	329.25	MnO_2	86.937
$HCOOH$	46.026	$K_4Fe(CN)_6$	368.35	MnS	87.00
H_2CO_3	62.025	$KFe(SO_4)_2 \cdot 12H_2O$	503.24	$MnSO_4$	151.00
$H_2C_2O_4$	90.035	$KHC_2O_4 \cdot H_2O$	146.14	$MnSO_4$	223.06
$H_2C_2O_4 \cdot 2H_2O$	126.07	$KHC_2O_4 \cdot H_2C_2O_4 \cdot 2H_2O$	254.19	NO	30.006
HCl	36.461	$KHC_4H_4O_6$	188.18	NO_2	46.006
HF	20.006	$KHSO_4$	136.16	NH_3	17.03
HI	127.91	KI	166.00	NH_4Cl	53.491
HIO_3	175.91	KIO_3	214.00	$(NH_4)_2CO_3$	96.086
HNO_3	63.013	$KIO_3 \cdot HIO_3$	389.91	$(NH_4)_2C_2O_4$	124.10
HNO_2	47.013	$KMnO_4$	158.03	$(NH_4)_2C_2O_4 \cdot H_2O$	142.11
H_2O	18.015	$KNaC_4H_4O_6 \cdot 4H_2O$	282.22	NH_4SCN	76.12

续表二

化合物	相对分子质量	化合物	相对分子质量	化合物	相对分子质量
NH_4HCO_3	79.055	$Na_2S \cdot 9H_2O$	240.18	Sb_2O_3	291.50
$(NH_4)_2MOO_4$	196.01	Na_2SO_3	126.04	Sb_2S_3	339.68
NH_4NO_3	80.043	Na_2SO_4	142.04	SiF_4	104.08
$(NH_4)_2HPO_4$	132.06	$Na_2S_2O_3$	158.10	SiO_4	60.084
$(NH_4)_2S$	68.14	$Na_2S_2O_3 \cdot 5H_2O$	248.17	$SnCl_2$	189.60
$(NH_4)_2SO_4$	132.13	$NiCl_2 \cdot 6H_2O$	237.69	$SnCl_2 \cdot 2H_2O$	225.63
NH_4VO_3	116.98	NiO	74.69	$SnCl_4$	260.50
Na_3AsO_3	191.89	$Ni(NO_3)_2 \cdot 6H_2O$	290.79	$SnCl_4 \cdot 5H_2O$	350.58
$Na_2B_4O_7$	201.22	NiS	90.75	SnO_2	150.59
$Na_2B_4O_7 \cdot 10H_2O$	381.37	$NiSO_4 \cdot 7H_2O$	280.85	SnS	150.75
$NaBiO_3$	279.97	PbI_2	461.00	$SrCO_3$	147.63
$NaCN$	49.007	$Pb(NO_3)_2$	331.20	SrC_2O_4	175.64
$NaSCN$	81.07	PbO	223.20	$SrCrO_4$	203.61
Na_2CO_3	105.99	PbO_2	239.20	$Sr(NO_3)_2$	211.63
$Na_2CO_3 \cdot 10H_2O$	286.14	$Pb_3(PO_4)_2$	811.54	$Sr(NO_3)_2 \cdot 4H_2O$	283.69
$Na_2C_2O_4$	134.00	PbS	239.30	$SrSO_3$	183.69
$NaCl$	58.443	$PbSO_4$	303.30	$ZnUO_2(CH_3COO)_2 \cdot 2H_2O$	424.15
$NaClO$	74.442	P_2O_5	141.94	$ZnCO_3$	125.39
$NaHCO_3$	84.007	$PbCO_3$	267.20	ZnC_2O_4	153.40
$Na_2HPO_4 \cdot 12H_2O$	358.14	PbC_2O_4	295.22	$ZnCl_2$	136.29
$Na_2H_2Y \cdot 2H_2O$	372.24	$PbCl_2$	278.10	$Zn(CH_3COO)_2$	183.47
$NaNO_2$	68.995	$PbCrO_4$	323.20	$Zn(CH_3COO)_2 \cdot 2H_2O$	219.50
$NaNO_3$	84.995	$Pb(CH_3COO)_2$	325.30	$Zn(NO_3)_2$	189.39
Na_2O	61.979	$Pb(CH_3COO)_2 \cdot 3H_2O$	379.30	$Zn(NO_3)_2 \cdot 6H_2O$	297.48
Na_2O_3	77.978	SO_3	80.06	ZnO	81.38
$NaOH$	39.997	SO_2	64.06	ZnS	97.44
Na_3PO_4	163.94	$SbCl_3$	228.11	$ZnSO_4 \cdot 7H_2O$	287.54
Na_2S	78.04	$SbCl_5$	299.02		

附录 C　几种常用酸、碱和氨溶液的密度

g · mL^{-1}

ω/%	H$_2$SO$_4$	HNO$_3$	HCl	KOH	NaOH	NH$_3$
2	1.013	1.011	1.009	1.016	1.023	0.992
4	1.027	1.022	1.019	1.033	1.046	0.983
6	1.040	1.033	1.029	1.052	1.069	0.973
8	1.055	1.044	1.039	1.072	1.092	0.960
10	1.069	1.056	1.049	1.090	1.115	0.957
12	1.083	1.068	1.059	1.110	1.137	0.953
14	1.098	1.080	1.069	1.128	1.159	0.946
16	1.112	1.093	1.079	1.147	1.181	0.939
18	1.127	1.106	1.089	1.167	1.213	0.932
20	1.145	1.119	1.100	1.186	1.225	0.926
22	1.158	1.132	1.110	1.206	1.247	0.919
24	1.174	1.145	1.121	1.226	1.266	0.913
26	1.191	1.158	1.132	1.247	1.289	0.908
28	1.205	1.171	1.142	1.267	1.310	0.903
30	1.224	1.184	1.152	1.286	1.332	0.898
32	1.238	1.198	1.163	1.310	1.352	0.893
34	1.255	1.211	1.173	1.334	1.374	0.889
36	1.273	1.225	1.183	1.358	1.395	0.884
38	1.290	1.238	1.194	1.375	1.416	
40	1.307	1.251		1.411	1.437	
42	1.324	1.264		1.437	1.458	
44	1.342	1.277		1.460	1.478	
46	1.361	1.290		1.485	1.499	
48	1.380	1.303		1.511	1.519	

附录 D　常用缓冲溶液及配制方法

缓冲溶液组成	$pK_a^{\ominus}$	缓冲溶液的 pH	缓冲溶液配制方法
$H_2NCH_2COOH-HCl$	$2.35(pK_{a1}^{\ominus})$	2.3	取 150 g H_2NCH_2COOH 溶于 500 mL H_2O 中，加 80 mL 浓 HCl，稀释至 1 L
H_3PO_4-柠檬酸盐	—	2.5	取 113 g $Na_2HPO_4 \cdot 12H_2O$ 溶于 200 mL H_2O 中，加 387 g 柠檬酸溶解，过滤后稀释至 1 L
$ClCH_2COOH-NaOH$	2.86	2.8	取 200 g $ClCH_2COOH$ 溶于 200 mL H_2O 中，加 40 g NaOH 溶解后，稀释至 1 L
邻苯二甲酸氢钾-HCl	$2.95(pK_{a1}^{\ominus})$	2.9	取 500 g 邻苯二甲酸氢钾溶于 500 mL H_2O 中，加 80 mL 浓 HCl，稀释至 1 L
HCOOH-NaOH	3.76	3.7	取 95 g HCOOH 和 40 g NaOH 溶于 50 mL H_2O 中，稀释至 1 L
$NH_4Ac-HAc$	—	4.5	取 77 g NH_4Ac 溶于 200 mL H_2O 中，加 59 mL 冰 HAc，稀释至 1 L
NaAc-HAc	4.74	4.7	取 8.3 g 无水 NaAc 溶于 H_2O 中，加 60 mL 冰 HAc，稀释至 1 L
NaAc-HAc	4.74	5.0	取 160 g 无水 NaAc 溶于 H_2O 中，加 60 mL 冰 HAc，稀释至 1 L
$NH_4Ac-HAc$	—	5.0	取 250 g NH_4Ac 溶于 H_2O 中，加 25 mL 冰 HAc，稀释至 1 L
六次甲基四胺-HCl	5.15	5.4	取 40 g 六次甲基四胺溶于 200 mL H_2O 中，加 10 mL 浓 HCl，稀释至 1 L
$NH_4Ac-HAc$	—	6.0	取 600 g NH_4Ac 溶于 H_2O 中，加 20 mL 冰 HAc，释释至 1 L
$NaAc-H_3PO_4$ 盐	—	8.0	取 50 g 无水 NaAc 和 50 g $Na_2HPO_4 \cdot 12H_2O$ 溶于 H_2O 中，稀释至 1 L
三羟甲基氨基甲烷-HCl	8.21	8.2	取 25 g 三羟甲基氨基甲烷溶于 H_2O 中，加 8 mL 浓 HCl，稀释至 1 L
NH_3-NH_4Cl	9.26	9.2	取 54 g NH_4Cl 溶于 H_2O 中，加 63 mL 浓 $NH_3 \cdot H_2O$，稀释至 1 L
NH_3-NH_4Cl	9.26	9.5	取 54 g NH_4Cl 溶于 H_2O 中，加 126 mL 浓 $NH_3 \cdot H_2O$，稀释至 1 L
NH_3-NH_4Cl	9.26	10.0	取 54 g NH_4Cl 溶于 H_2O 中，加 350 mL 浓 $NH_3 \cdot H_2O$，稀释至 1 L

注：① 缓冲溶液配制后用 pH 试纸检查。如 pH 不对。可用共轭酸或碱调节。精确调节 pH 时，可用 pH 计调节。

② 若需增加或减少缓冲溶液的缓冲容量时，可相应增加或减少共轭酸碱对物质的量，再调节之。

附录 E　几种常用酸、碱的浓度

试剂名称	密度/(g·mL^{-1})	质量分数/%	物质的量浓度/(mol·L^{-1})	试剂名称	密度/(g·mL^{-1})	质量分数/%	物质的量浓度/(mol·L^{-1})
浓 H_2SO_4	1.84	98	18	HBr	1.38	40	7
稀 H_2SO_4	1.18	25	3	HI	1.70	57	7.5
浓 HCl	1.19	38	12	冰 HAc	1.05	99	17.5
稀 HCl	1.10	20	6	稀 HAc	1.04	34	6
浓 HNO_3	1.42	69	16	稀 HAc		12	2
稀 HNO_3	1.20	32	6	浓 NaOH	1.44	41	14.4
稀 HNO_3		12	2	稀 NaOH		8	2
浓 H_3PO_4	1.7	85	14.7	浓 $NH_3·H_2O$	0.91	28	14.8
稀 H_3PO_4	1.05	9	1	稀 $NH_3·H_2O$		3.5	2
浓 $HClO_4$	1.67	70	11.6	$Ca(OH)_2$ 水溶液		0.15	
稀 $HClO_4$	1.12	19	2	$Ba(OH)_2$ 水溶液		2	0.1
浓 HF	1.13	40	23				

附录 F　几种常用的酸碱指示剂

指 示 剂	pH 变化范围	颜 色		pK_{HIn}	浓 度
		酸色	碱色		
百里酚蓝(第一变色范围)	1.2～2.8	红	黄	1.6	0.1%的 20%乙醇溶液
甲基黄	2.9～4.0	红	黄	3.3	0.1%的 20%乙醇溶液
甲基橙	3.1～4.4	红	黄	3.4	0.05%的水溶液
溴酚蓝	3.1～4.6	黄	紫	4.1	0.1%的 20%乙醇溶液或其钠盐的水溶液
溴甲酚绿	3.8～5.4	黄	蓝	4.9	0.1%水溶液，每 100 mg 指示剂加 $0.05 \ mol \cdot L^{-1}$ NaOH 溶液 2.9 mL
甲基红	4.4～6.2	红	黄	5.2	0.1%的 60%乙醇溶液或其钠盐的水溶液
溴甲酚紫	5.2～6.8	黄	紫	6.3	0.1%的 20%乙醇溶液
中性红	6.8～8.0	红	黄橙	7.4	0.1%的 60%乙醇溶液
酚红	6.7～8.4	黄	红	8.0	0.1%的 60%乙醇溶液或其钠盐的水溶液
酚酞	8.0～9.6	无	红	9.1	0.1%的 90%乙醇溶液
百里酚蓝(第二变色范围)	8.0～9.6	黄	蓝	8.9	0.1%的 20%乙醇溶液
百里酚酞	9.4～10.6	无	蓝	10.0	0.1%的 90%乙醇溶液

附录 G　金属指示剂

名　称	配制方法	测定元素	颜色变化	测　定　条　件
酸性铬蓝 K	0.1%乙醇溶液	Ca	红～蓝	pH = 12
		Mg	红～蓝	pH=10(氨性缓冲溶液)
钙指示剂	与 NaCl 配成 10∶100 的固体混合物	Ca	酒红～蓝	pH>12(KOH 或 NaOH)
铬天青 S	0.4%水溶液	Al	紫～黄橙	pH = 4(乙酸缓冲溶液)
		Cu	蓝紫～黄	pH = 6～6.5(乙酸缓冲溶液)
		Fe(Ⅲ)	蓝～橙	pH = 2～3
		Mg	红～黄	pH = 10～11(氨性缓冲溶液)
双硫腙	0.03%乙醇溶液	Zn	红～绿蓝	pH = 4.5，50%乙醇溶液
铬黑 T	与 NaCl 酿成 1∶100 的固体混合物	Al	蓝～红	pH = 7～8，吡啶存在下，以 Zn^{2+} 溶液回滴
		Bi	蓝～红	pH = 9～10，以 Zn^{2+} 溶液回滴
		Ca	红～蓝	pH = 10，加入 EDTA-MY
		Cd	红～蓝	pH = 10(氨性缓冲溶液)
		Mg	红～蓝	pH = 10(氨性缓冲溶液)
		Mn	红～蓝	pH = 10(氨性缓冲溶液，加羟胺)
		Ni	红～蓝	pH = 10(氨性缓冲溶液)
		Pb	红～蓝	pH = 9(氨性缓冲溶液，加酒石酸钾)
		Zn	红～蓝	pH = 6.8～10(氨性缓冲溶液)
紫脲酸铵	与 NaCl 配成 1∶100 的固体混合物	Ca	黄～紫	pH>10(NaOH)，25%乙醇
		Co	黄～紫	pH = 8～10(氨性缓冲溶液)
		Cu	黄～紫	pH = 7～8(氨性缓冲溶液)
		Ni	黄～紫红	pH = 8.5～11.5(氨性缓冲溶液)
PAN	0.1%乙醇(或甲醇)溶液	Cd	红～黄	pH = (乙酸缓冲溶液)
		Co	黄～红	乙酸缓冲溶液(70℃～80℃)，以 Cu^{2+} 回滴
		Cu	紫～黄	pH = 10(氨性缓冲溶液)
			红～黄	pH = 6.8～10(乙酸缓冲溶液)
		Zn	粉红～黄	pH = 5～7(乙酸缓冲溶液)

名　称	配制方法	测定元素	颜色变化	测定条件
PAR	0.05%或0.2%水溶液	Bi	红～黄	pH = 1～2(HNO$_3$)
		Cu	红～黄(绿)	pH = 5～11(六次甲基四胺，氨性缓冲溶液)
		Pb	红～黄	六次甲基四胺或氨性缓冲溶液
邻苯二酚紫	0.1 的水溶液	Cd	蓝～红紫	pH = 10(氨性缓冲溶液)
		Co	蓝～红紫	pH = 8～9(氨性缓冲溶液)
		Cu	蓝～黄绿	pH = 6～7(吡啶溶液)
		Fe(Ⅱ)	黄绿～蓝	pH = 6～7，吡啶存在下，以 Cu^{2+}溶液回滴
		Mg	蓝～红紫	pH = 10(氨性缓冲溶液)
		Mn	蓝～红紫	pH = 9(氨性缓冲溶液，加羟胺)
		Pb	蓝～黄	pH = 5.5(六次甲基四胺)
		Zn	蓝～红紫	pH = 10(氨性缓冲溶液)
磺基水杨酸	1%～2%水溶液	Fe(Ⅲ)	红紫～黄	pH = 1.5～3
试钛灵	2%水溶液	Fe(Ⅲ)	蓝～黄	pH = 2～3(乙酸热溶液)
二甲酚橙 XO	0.1%乙醇(或水溶液)	Bi	红～黄	pH = 1～2(HNO$_3$)
		Cd	粉红～黄	pH = 5～6(六次甲基四胺)
		Pb	红紫～黄	pH = 5～6(乙酸缓冲溶液)
		Th	红～黄	pH = 1.5～3.5(乙酸缓冲溶液)
		Zn	红～黄	pH = 5～6(乙酸缓冲溶液)

附录 H　不同温度下液体的密度

g·mL⁻¹

温度/℃	水	乙醇	苯	汞	环己烷	乙酸乙酯	丁醇
6	0.9999	0.8012	—	13.581	0.7906	—	—
7	0.9999	0.8003	—	13.578	—	—	—
8	0.9998	0.7995	—	13.576	—	—	—
9	0.9998	0.7987	—	13.573	—	—	—
10	0.9997	0.7978	0.887	13.571	—	—	—
11	0.9996	0.7970	—	13.568	0.785	—	—
12	0.9995	0.7962	—	13.566	—	—	—
13	0.9994	0.7953	—	13.563	—	—	0.8135
14	0.9992	0.7945	—	13.561	—	—	0.8135
15	0.9991	0.7936	0.883	13.559	—	—	—
16	0.9989	0.7928	0.882	13.556	—	—	—
17	0.9988	0.7919	0.882	13.554	—	—	—
18	0.9986	0.7911	0.881	13.551	0.7736	—	—
19	0.9984	0.7902	0.881	13.549	—	—	—
20	0.9982	0.7894	0.879	13.546	—	—	—
21	0.9980	0.7886	0.879	13.544	—	—	—
22	0.9978	0.7877	0.878	13.541	—	—	0.8072
23	0.9975	0.7869	0.877	13.539	0.7736	—	—
24	0.9973	0.7860	0.876	13.536	—	—	—
25	0.9970	0.7852	0.875	13.534	—	—	—
26	0.9968	0.7843	—	13.532	—	—	—
27	0.9965	0.7835	—	13.529	—	—	—
28	0.9962	0.7826	—	13.527	—	—	—
29	0.9959	0.7818	—	13.524	—	—	—
30	0.9956	0.7809	0.869	13.522	0.7678	0.8888	0.8007

附录 I　部分有机化合物的物理常数表

名称	相对分子质量	性状	密度 $\rho/(g \cdot mL^{-1})$	熔点/℃	沸点/℃	折光率 n^tD	溶解性/[g · (100 mL 溶剂)$^{-1}$]		
							水	乙醇	乙醚
苄叉丙酮	146.19	片状结晶	1.0970_4^{45}	41.5	261	$1.5836^{45.9}$	不溶	溶	溶
苄基氯	126.59	无色液体	1.100_{20}^{20}	−39	179.3	1.5415^{15}	水溶	混溶	混溶
苄基溴	171.04	无色液体	1.4380_4^{22}	—	201	—	不溶	溶	溶
丙三醇	92.09	黏稠液体	1.2613_4^{20}	20	290(分解)	1.4746^{20}	混溶	混溶	混溶
丙酮	58.08	无色液体	0.7899_4^{20}	−95.4	56.2	1.3588^{20}	混溶	混溶	混溶
苯	78.12	无色液体	0.8787_4^{20}	5.5	80.1	1.5011^{20}	0.07(72℃)	混溶	混溶
苯酚	94.11	无色针状晶体	1.0576_4^{20}	43	181.7	1.5425^{41}	8.2(15℃)	混溶	混溶
苯甲酸	122.12	片状晶体	1.2659_4^{15}	122.4	249	1.504^{132}	0.35(25℃)	46.6 (15℃)	66 (15℃)
苯胺	93.13	无色液体	1.0217_4^{20}	−6.3	184.1	1.5863^{20}	3.6(18℃)	混溶	混溶
苯乙酮	120.16	叶状晶体	1.0281_4^{20}	20.5	202	1.5372^{15}	不溶	可溶	可溶
苯甲醛	106.13	无色液体	1.0510_4^{20}	−26	178.1	1.5463^{20}	0.3	混溶	混溶
苯甲醇	108.13	无色液体	1.0454_4^{25}	−15.3	204.5	1.5396^{20}	微溶	溶	溶
对氨基苯磺酸	173.19	无色晶体	1.4850_4^{25}	288(分解)	—	—	1(20℃)	易溶	易溶
对苯二酚	110.11	白色针状晶体	1.3334_4^{25}	173	286	—	8(20℃)	溶解	溶解
1-丁烯	56.11	无色液体	$0.6255_4^{-6.5}$	−130	-6.5	—	不溶	可溶	可溶
2-丁烯	56.11	无色液体	0.6213_4^{20}(顺) 0.6242_4^{20}(反)	−130.3(顺) −105.8(反)	3.7(顺) 0.9(反)	1.3931^{20}(顺) 1.3848^{20}(反)	不溶	可溶	可溶
N，N-二甲基苯氨	121.8	黄色液体	0.9557_4^{20}	2.45	194.77	1.5582^{20}	微溶	溶解	溶解
7，7-二氯二环 [4，1，0] 庚烷	165.06	无色液体	1.2115_4^{23}	—	198	1.5014^{23}	不溶	不溶	易溶
2-庚酮	114.18	无色液体	0.8154_4^{20}	−26.9	150.2	1.4087^{20}	0.4(20℃)	溶解	溶解
环己烷	84.16	无色液体	0.7785_4^{20}	6.54	80.72	1.4262^{20}	不溶	混解	混解
环己酮	98.15	无色液体	0.9478_4^{20}	−16.4	155.6	1.4507^{20}	微溶	混解	混解

续表一

名称	相对分子质量	性状	密度 $\rho/(\text{g} \cdot \text{mL}^{-1})$	熔点/℃	沸点/℃	折光率 $n^t\text{D}$	溶解性/[g·(100 mL 溶剂)$^{-1}$]		
							水	乙醇	乙醚
环己醇	100.16	黏稠液体	0.9624_4^{20}	25.15	161.1	1.4641^{20}	3.6(20℃)	溶解	溶解
环己烯	82.15	无色液体	0.8102_4^{20}	−103.5	82.98	1.4465^{20}	不溶	混溶	混溶
环己酮肟	113.16	白色棱柱晶体	—	90	206	—	溶解	溶解	溶解
己内酰胺	113.16	白色片状晶体	1.023_4^{75}	68	139(12mmHg)		易溶	易溶	易溶
2-甲基-2-己醇	116.20	无色液体	0.8119_4^{20}	—	143	1.4175^{20}	微溶	混溶	混溶
甲苯	92.15	无色液体	0.8669_4^{20}	−95	110.6	1.4961^{20}	不溶	混溶	混溶
甲基橙	327.34	橙色片状晶体	—	分解	—	—	0.2(冷)	微溶	溶解
间苯二酚	110.11	白色针状晶体	1.2717	110.7	281		易溶	易溶	易溶
间二硝基苯	168.11	淡黄色晶体	1.5710_4^{0}	89.8	303		微溶	溶解	
咖啡因	212.22	针状结晶	1.23_4^{18}	234.5	—	—	2.2(25℃)	1.4(25℃)	—
邻硝基苯酚	139.11	淡黄针状晶体	1.459_4^{20}	45.5	217		微溶	溶(热)	溶(热)
氯仿	119.38	无色液体	1.4832_4^{20}	−63.5	61.7	1.4459^{20}	0.8(20℃)	混溶	混溶
1-氯丁烷	92.57	无色液体	0.8862_4^{20}	−123.1	78.4	1.4021^{20}	0.08(20℃)	混溶	混溶
2-氯丁烷	92.57	无色液体	0.8732_4^{20} (外硝旋体)	−131.3 外硝旋体	68.3	1.3971^{20}	0.1(25℃)	混溶	混溶
镁	24.31	银色光泽金属							
钠	22.99	银色光泽软金属	0.93(液) 0.97(固)	97.5	880				
α-萘酚	144.16	无色针状结晶	$1.0954_4^{98.7}$	96	288	$1.6206^{98.7}$	微溶	易溶	易溶
β-萘酚	144.16	无色片状结晶	1.22	123	286		微溶	溶解	溶解
β-萘乙醚	172.23	无色片状结晶	1.0640_{20}^{20}	37.5	282	$1.5932^{47.3}$	不溶	混溶	混溶
羟胺盐酸盐	69.50	无色结晶	1.67_4^{17}	151			溶解	溶解	难(冷)
肉桂酸	148.17	白色片状结晶	1.245(反) 1.284(顺)	135	300	—	0.04(18℃)	24(20℃)	可溶

续表二

名称	相对分子质量	性状	密度 $\rho/(g \cdot mL^{-1})$	熔点/℃	沸点/℃	折光率 n^tD	溶解性/[g·(100 mL 溶剂)$^{-1}$]		
							水	乙醇	乙醚
水杨酸	138.12	白色针状结晶	1.44	159(79升华)	约 211^{20}		微溶	易溶	易溶
叔丁基氯	92.57		0.8420^{20}_4	-25.4	50.7	1.3857^{20}	微溶	混溶	混溶
叔丁醇	74.12	无色液体	0.7858^{25}_4	25.5	82.5	1.3845^{20}	混溶	混溶	混溶
溴乙烷	108.96	无色液体	1.4512^{25}_4	-118.5	38.4	1.4244^{20}	0.9(20℃)	混溶	混溶
溴苯	157.02	无色液体	1.4950^{20}_4	-30.6	156.1	1.5597^{20}	0.045(25℃)	溶解	溶解
硝基苯	123.11	浅黄色液体	1.2037^{20}_4	5.7	210.8	1.5562^{20}	0.19(20℃)	易溶	混溶
1-溴丁烷	137.03	无色液体	1.2758^{20}_4	-112.4	101.6	1.4401^{20}	0.06(16℃)	混溶	混溶
2-溴丁烷	137.03	无色液体	1.2530^{20}_4	-112	91.2	1.4344^{25}	不溶	易溶	易溶
溴化四乙基铵	210.06	白色晶体	1.3880^{25}_4	—	—	—	易溶	易溶	—
乙二醇	60.07	黏稠液体	1.1088^{20}_4	-16	198	1.4318^{20}	混溶	混溶	混溶
乙酰乙酸乙酯	130.14	无色液体	1.0213^{25}_4	-45	180.4	1.41937^{20}	微溶	混溶	混溶
乙酰水杨酸	180.15	白色晶体	1.35	135			微溶	溶解	溶解
乙酰苯胺	135.17	无色晶体	1.2190^{15}_4	114.3	304	—	0.46(20℃)	21(20℃)	7(25℃)
乙醇	46.07	无色液体	0.7893^{20}_4	-114.3	78.5	1.3611^{20}	混溶	混溶	混溶
乙醚	74.12	无色液体	0.7138^{20}_4	-116.2	34.51	1.3526^{20}	7.8(20℃)	混溶	混溶
乙酸	60.05	无色液体	1.0492^{20}_4	16.6	117.9	1.3716^{20}	混溶	混溶	混溶
乙酸乙酯	88.12	无色液体	0.9003^{20}_4	-82.4	77.2	1.3723^{20}	8.5(15℃)	混溶	混溶
乙酸正丁酯	116.16	无色液体	0.8825^{20}_4	-77.9	126.5	1.3951^{20}	0.7	混溶	混溶
乙酸酐	102.09	无色液体	1.0820^{20}_4	-73.1	139.6	1.3901^{20}	12(冷)分解(热)	可溶	混溶
乙醛	44.05	无色液体	0.7951^{10}_4	-121	21	1.3316^{20}	混溶	混溶	混溶
异戊醇	88.15	无色液体	0.8094^{20}_4	-117	131.5	1.40705^{20}	微溶	混溶	混溶
正丁醇	74.12	无色液体	0.8098^{20}_4	-89.5	117.3	1.3993^{20}	8.0(25℃)	混溶	混溶
正丁醛	72.10	无色液体	0.8016^{20}_4	-99	75.7	1.3843^{20}	7(25℃)	混溶	混溶
正丁醚	130.2	无色液体	0.7704^{20}_4	-95.3	142.4	1.3993^{20}	<0.05(20℃)	混溶	混溶
正丁酸	88.11	无色液体	0.9582^{20}_4	-5.2	163.5	1.3980^{20}	混溶	混溶	混溶
仲丁醇	74.12	无色液体	0.8069^{20}_4	-114.7	99.5	1.3969^{20}	12.5(20℃)	混溶	混溶

附录 J　定量分析基本操作考核表

定量分析基本操作考核内容如表 J-1～J-3 所列。

表 J-1　电子天平操作考核表

项　目		考 核 内 容	标准分	得　分
称量操作	称量准备	天平各部件的检查	5 分	
		天平罩、记录本、称量瓶的摆放		
		天平清扫		
		零点检查与调整		
	称量操作	称量瓶在秤盘中的位置	10 分	
		试样的倾出与回磕操作		
		读数时天平侧门是否关闭		
		称量读数正确		
		倾出试样的质量范围		
		数据的正确记录		
	结束工作	取回称量瓶	5 分	
		称量瓶回位		
		检查零点		
		在记录本上记录		
		切断电源，罩好天平罩		
		三份样品的称量时间上限为 10 min，每超过 2 min 扣 1 分，每返工一次扣 3 分		

表 J-2　滴定基本操作考核表

项　目		考 核 内 容	标准分	得　分
试样溶解稀释及移取	容量瓶的使用	量取溶剂溶解试样	20 分	
		试样溶解，玻璃棒的使用		
		完全溶解后转移试液		
		烧杯涮洗		
		稀释至总容积的 2/3～3/4 时平摇		
		稀释至刻度线下约 1 cm 放置 1～2 min		
		准确定容		
		摇匀操作		

项　　目	考　核　内　容		标准分	得　　分
试样溶解稀释及移取	移液管的使用	移液管的准备	15 分	
		按操作规范移取溶液		
		调液面操作		
		放液前管尖液滴的处理		
		放液操作	15 分	
		溶液流至管尖停留 15 s 后取出		
滴定操作	滴定前准备	滴定管的准备	8 分	
		装溶液前将溶液摇匀，装液操作		
		装好溶液后，赶气泡		
		调零，记初读数		
		滴定管尖悬挂液滴的处理		
		指示剂的加入		
		调整滴定管位置，准备滴定		
	滴定	滴定管与锥形瓶的持握正确	20 分	
		滴定管与锥形瓶的正确操作		
		滴定与摇瓶配合自如		
		滴定速度的控制		
		控制半滴、1/4 滴技术，洗瓶的使用		
		冲洗内壁次数		
		终点判断准确、一致		
		正确读取终读数		
		操作台面整齐、清洁		

表 J-3　数据记录及结果处理考核表

项　　目	考　核　内　容	标准分	得　　分
实验记录及结果处理	实验的预习报告	7 分	
	记录数据的表格		
	用钢笔或圆珠笔填写全项		
	记录及时、真实、整洁		
	报告单填写清晰无涂改		
	有效数字及运算规则的应用	10 分	
	计算公式的正确书写		
	计算结果的正确表示		
	实验报告的书写		
	相对平均偏差超过规定范围时，超过 0.1% 扣 1 分，超过 0.2% 以上扣 2 分		

附录 K　定量分析基础知识测试卷

本测试为本书的学习者创造了一个学习环境，以测试形式进行学习。测试分三个阶段：

① 答题。

② 批改不是自己的另一份试卷。

③ 对于一份既不是自己的答卷，也不是曾批改的试卷，站在"审核者"的角度，对该试卷上正确的给予肯定，对错误的给予更正，并给出正确答案。通过充当"答题者""批改者"和"审核者"三个不同的角色的过程你可以发现，相对于最初答题水平已经有了很大的进步，并对所有测试内容有了正确的认识。通过与学习伙伴书面交流、讨论，可以使学习者较好地掌握学习内容。

说明：为了区分各位的工作，请"答题者"使用蓝色笔，"批改者"使用红色笔，"审核者"使用铅笔。

一、定量分析基础知识测试

答题者　学号：＿＿＿＿＿＿　　　姓名：＿＿＿＿＿＿

批改者　学号：＿＿＿＿＿＿　　　姓名：＿＿＿＿＿＿

审核者　学号：＿＿＿＿＿＿　　　姓名：＿＿＿＿＿＿

（一）是非题

（　　）1. 分析化学是人们获得物质的化学组成、结构和信息的科学，即表征与测量的科学。

（　　）2. 以物质的化学反应为基础的分析方法称为化学分析法。

（　　）3. 仪器分析方法是指以测量物质的物理性质或化学性质为基础的分析方法。

（　　）4. 定量分析的一般过程包括取样、试样的预处理、测定、分析结果的数据处理和结果报告。

（　　）5. 分析结果的准确度常用误差来表示，误差是指测定结果与真实值之间的接近程度。

（　　）6. 精密度表示多次重复测定的分析结果相互接近的程度，精密度可用偏差来表示。

（　　）7. 精密度是保证准确度的先决条件，但精密度高不一定能保证准确度高。

（　　）8. 系统误差是指分析过程中，由于某种固定原因而造成的误差。

（　　）9. 随机误差是由于某些随机的、偶然的因素造成的误差，随机误差的分布符合正态分布的规律。

（　　）10. 系统误差可用对照实验、空白实验、仪器校正、方法校正进行检验和消除。

（　　）11. 增加平行测定次数可以减小偶然误差。

（　　）12. 一组平行测定数据中，个别偏差特别大的数据可以用 Q 检验法来确定是舍去还是保留。

（　　）13. 有效数字是指实际测得的数值，这个数值包含全部确定的数字和最后一位估读的数字(可疑数字)，因此，测得的有效数字的准确程度是由测量仪器的精度确定的。

（　　）14. 在滴定分析中，滴定终点与化学计量点往往存在一定差别，由此而引入的误差称为终点误差，终点误差为系统误差。

（　　）15. 标准溶液是指已知准确浓度的溶液。

（　　）16. 能用于直接配制标准溶液或标定标准溶液的物质称为基准物质。

（　　）17. 化学试剂通常分为标准试剂、一般试剂、高纯试剂、专用试剂四大类。

（　　）18. 定量分析实验所用试剂为"一般试剂"中的二级试剂，中文名称分析纯，英文符号 A.R，标签颜色为红色。

（　　）19. 测量值 $c_{NaOH} = 0.090\ 46\ mol \cdot L^{-1}$ 为四位有效数字，而 pH = 10.35 为两位有效数字。

（　　）20. 误差一般有绝对误差和相对误差两种表示方式，绝对误差有正、负之分，正误差表示测量值大于真值。

二、填空题

1. 滴定分析法可以从两个不同的角度分类。按照滴定反应，可以分为＿＿＿＿＿＿、＿＿＿＿＿＿、＿＿＿＿＿＿、＿＿＿＿＿＿四类。

2. 滴定分析法可以从两个不同的角度分类。按照滴定分析的操作方式，可以分为＿＿＿＿＿＿、＿＿＿＿＿＿、＿＿＿＿＿＿、＿＿＿＿＿＿四类。

3. 滴定分析中，滴定反应必须具备的条件是＿＿＿＿＿＿＿＿＿＿＿＿＿＿＿＿＿＿＿＿＿＿。

4. 滴定分析中选择指示剂的原则是＿＿＿＿＿＿＿＿＿＿＿＿＿＿＿＿＿＿＿＿＿＿＿＿＿。

5. 定量分析中，用于准确计量体积的量器有＿＿＿＿＿＿、＿＿＿＿＿＿、＿＿＿＿＿＿，用这些仪器计量体积，可以准确到 0.＿＿＿mL。

6. 定量分析中用于准确称量的仪器是＿＿＿＿＿＿＿＿＿，用这种仪器称重可以称准到 0.＿＿＿克。

7. 根据误差产生的原因，误差可以分为两类，它们是＿＿＿＿＿＿误差和＿＿＿＿＿＿误差。＿＿＿＿＿＿误差影响实验的精密度。因量器未校正而引入的误差为＿＿＿＿＿＿误差。因滴定终点与化学计量点不一致而引入的误差称终点误差(终点误差又称滴定误差)。终点误差为＿＿＿＿＿＿误差。

8. 测定的精密度可用标准偏差表示，写出标准偏差的计算公式＿＿＿＿＿＿＿＿＿＿＿＿。

9. 定量分析中常用的化学分析法有＿＿＿＿＿＿分析法和＿＿＿＿＿＿分析法。

10. 根据有效数字运算规则，$25.00 \times 0.1000 - 19.00 \times 0.1000 = 0.600$，这是因为＿＿＿＿＿＿＿＿＿＿＿＿＿＿＿＿＿＿＿＿＿。

三、简答题

下面给出了一份不完整的实验报告，看完后请回答实验报告后面的问题(相关内容在报告中用(1)、(2)……标出)，然后通过计算确认这份报告的各个计算值是否有误，如果有误请予以更正。

0.1 mol·L^{-1}NaOH 标准溶液的标定(1)

一、目的要求

二、实验原理(2)

三、实验内容

准确称取邻苯二甲酸氢钾 0.4~0.6 g，平行称取3份(3) →锥形瓶 →加水 30~50 mL(4) →加酚酞一滴 →用NaOH滴定至酚酞终点（微红色半分钟不退)(5)→

四、数据记录及处理

数据记录与数据处理结果填入下表。

	1	2	3
倾出前质量(邻苯二甲酸氢钾＋称量瓶)/g	21.8890	21.4666	21.0546
倾出后质量(邻苯二甲酸氢钾＋称量瓶)/g	21.4666	21.0546	20.5977
邻苯二甲酸氢钾质量/g	0.4224	0.4120	0.4569
V_{NaOH}(终读数)/mL	18.19	17.51	19.56
V_{NaOH}(初读数)/mL(6)	0.04	0.09	0.02
V_{NaOH}/mL(7)	18.15	17.42	19.54
c_{NaOH}/mol·L^{-1}(8)(9)	0.1140	0.1158	0.1145
$\bar{c}_{NaOH}$/(mol·L^{-1})	0.1148		
个别测定的绝对偏差(10)	−0.0008	0.0010	−0.0003
平均偏差(11)	0.0007		
相对平均偏差(12)	0.6098%　　　0.6%		

五、讨论(13)

现在请回答就这份报告所提的问题(相关内容已在报告中用(1)、(2)……标出)：

(1) 定量分析实验报告至少应该有哪几部分内容？

(2) 实验原理应该简洁而完整，那么实验原理应该表达哪几个方面的内容？

(3) 在称量前应该心中有数，知道该称多少。如何确定基准物质的称取量？写出计算公式。

(4) 加水 30～50 mL 以溶解邻苯二甲酸氢钾，应该如何确定所加水的体积？加水时选用何种量器？

(5) 酚酞终点的粉红色不稳定，会褪色。说明原因(操作中要注意这一点)。

(6) 滴定前必须调零，调零时应该把初读数调整在什么范围？平行滴定时每次滴定都要调零，这是为什么？

(7) 每次滴定中，滴定剂消耗的体积一般是多少？在计量体积时，由滴定管的读数误差引入的体积计量误差是多少？

(8) 写出 NaOH 浓度的计算公式，邻苯二甲酸氢钾的摩尔质量应取 $204.2\ \mathrm{g \cdot mol^{-1}}$ 而不能取 $204\ \mathrm{g \cdot mol^{-1}}$，为什么？如果是测定氨水中氨的含量，氨的摩尔质量应该取什么值？$17\ \mathrm{g \cdot mol^{-1}}$ 还是 $17.04\ \mathrm{g \cdot mol^{-1}}$？

(9) NaOH 标准溶液的标定，结果应为四位有效数字，用有效数字运算规则说明之。

(10) 写出各次测定的绝对偏差的计算公式(注意：绝对偏差有正有负，这不是偏差的绝对值)。

(11) 写出平均偏差的计算公式(注意：平均偏差、相对平均偏差只需 1 到 2 位有效数字)。

(12) 写出相对平均偏差的计算公式。报告中"0.6098%"和"0.6%"，哪个正确？请把错误的划掉。实验报告上的数改，写错了是不能涂改的，只能像这样"~~0.6098%~~"划去，再在后面写上正确的数据。

(13) "讨论"这一项一般写什么内容？写几句对这份测试卷的评价？

四、完成实验报告

下面给出了一位学习者在用基准物质邻苯二甲酸氢钾标定氢氧化钠标准溶液时，记录本上的原始记录。请你根据这组数据，写一份完整、合格的实验报告(报告形式可参照后附"实验(一)　0.1 mol·L^{-1}NaOH 标准溶液的标定")。

用基准物质邻苯二甲酸氢钾标定氢氧化钠(用酚酞作指示剂)，数据记录如下：

	1	2	3
倾出前质量(邻苯二甲酸氢钾 + 称量瓶)/g	18.3873	17.8850	17.3599
倾出后质量(邻苯二甲酸氢钾 + 称量瓶)/g	17.8850	17.3599	16.8656
邻苯二甲酸氢钾质量/g			
V_{NaOH} 终读数/mL	27.36	29.54	25.85
V_{NaOH} 初读数/mL	0.26	0.41	0.25
V_{NaOH}/mL			

专业_____　班级_____　姓名_____　日期_____

实验(一)　0.1 mol · L^{-1} NaOH 标准溶液的标定

一、目的要求

二、实验原理

三、实验内容

四、数据记录与处理

	1	2	3
倾出前质量(邻苯二甲酸氢钾 + 称量瓶)/g			
倾出后质量(邻苯二甲酸氢钾 + 称量瓶)/g			
邻苯二甲酸氢钾的质量/g			
V_{NaOH} 终读数/mL			
V_{NaOH} 初读数/mL			
V_{NaOH}/mL			
c_{NaOH}/(mol · L^{-1})			
$\bar{c}_{NaOH}$/(mol · L^{-1})			
个别测定的绝对偏差			
平均偏差			
相对平均偏差			

五、讨论

参 考 文 献

[1] 吴江. 大学基础化学实验[M]. 北京：化学工业出版社，2005.

[2] 张勇. 现代化学基础实验(二)[M]. 北京：科学出版社，2005.

[3] 徐莉英. 无机及分析化学实验[M]. 上海：上海交通大学出版社，2004.

[4] 辛述元. 无机及分析化学实验[M]. 北京：化学工业出版社，2005.

[5] 刘约权，李贵深. 实验化学(二)[M]. 北京：高等教育出版社，2005.

[6] 胡忠鲠. 现代化学基础[M]. 北京：高等教育出版社，2005.

[7] 吉林大学分析化学教研室. 分析化学实验[M]. 吉林：吉林大学出版社，1992.

[8] 兰州大学、复旦大学化学系有机化学教研室. 有机化学实验[M]. 第二版. 北京：高等
教育出版社，1994.

[9] 吴泳. 大学化学新体系实验[M]. 北京：科学出版社，1999.

[10] 苗凤琴，于世林. 分析化学实验[M]. 北京：化学工业出版社，2001.

[11] 上海大学工程化学教研组. 工程化学实验[M]. 上海：上海大学出版社，1999.

[12] 史启祯，肖新亮. 无机化学与分析化学实验[M]. 北京：高等教育出版社，1995.

[13] 四川大学化工学院有机化学教研室. 有机化学实验[M]. 成都：成都科技大学出版社，
1998.

[14] 南京大学编写组. 无机及分析化学实验[M]. 第三版. 北京：高等教育出版社，2002.

[15] 天津大学无机化学教研室. 大学化学实验[M]. 天津：天津大学出版社，1998.

[16] 武汉大学等. 分析化学实验[M]. 第四版. 北京：高等教育出版社，2002.

[17] 辛剑，盂长功. 基础化学实验[M]. 北京：高等教育出版社，2004.

[18] 徐功华，蔡作乾. 大学化学实验[M]. 第二版. 北京：清华大学出版社，1997.

[19] 袁书玉. 无机化学实验[M]. 北京：清华大学出版社，1996.

[20] 张勇，胡忠鲠. 现代化学基础实验[M]. 北京：科学出版社，2000.

[21] 浙江大学普通化学教研组. 普通化学实验[M]. 北京：高等教育出版社，1997.

[22] 奚关根，赵长宏，赵忠德. 有机化学实验[M]. 北京：华东理工大学出版社，1995.